赫螈和它的朋友们

张海华 著

宁波出版社
NINGBO PUBLISHING HOUSE

图书在版编目（CIP）数据

棘螈和它的朋友们 / 张海华著 . -- 宁波：宁波出版社, 2025.4. -- ISBN 978-7-5526-5644-2

Ⅰ . Q959.5-49

中国国家版本馆 CIP 数据核字第 2025HS6768 号

棘螈和它的朋友们
JIYUAN HE TA DE PENGYOUMEN

张海华　著

责任编辑	苗梁婕
责任校对	谢路漫
出版发行	宁波出版社
地址邮编	宁波市甬江大道 1 号宁波书城 8 号楼 6 楼　315040
装帧设计	马　力
印　　刷	宁波白云印刷有限公司
开　　本	889 毫米 ×1194 毫米　1/16
印　　张	12.5
字　　数	180 千
版　　次	2025 年 4 月第 1 版
印　　次	2025 年 4 月第 1 次印刷
标准书号	ISBN 978-7-5526-5644-2
定　　价	68.00 元

如发现缺页或倒装，影响阅读，请与出版社或印刷厂联系调换
电话：0574-87248279（出版社）
　　　0571-89965298（印刷厂）

前言

有一种古老而神秘的小动物，它有着种种美誉，人们普遍称其为"宁波的大熊猫"，有研究者赠予其昵称"宁波的黑珍珠"，还有人专门在报刊上写文章，将它与宁波的龙联系起来。前些年，中国女排主场的赛事在北仑举行，赛事吉祥物"圆圆"的原型也是它。

它是谁？为何如此受宠爱？

它就是大名鼎鼎的镇海棘螈，属于国家一级重点保护野生动物，在全球范围内只在浙江省宁波市有分布，属于极度濒危物种。而在宁波境内，它的核心分布区便是在北仑区柴桥街道的九峰山瑞岩景区，那里是北仑林场的一部分。

柴桥是著名的浙东古镇，早年属于镇海县，现属于北仑区，自古以来就相当繁华，有"小宁波"之称，如今又被称为"中国杜鹃花之乡"。位于东海之滨的柴桥，境内多丘陵，山中植被繁茂，生物多样性丰富，分布着镇海棘螈、镇海林蛙、北仑姬蛙、义乌小鲵、毛叶铁线莲等多种极富乡土特色的野生动植物。

20多年前，我刚到宁波晚报社工作的时候，就听说镇海棘螈主要分布在柴桥瑞岩寺附近。但由于这种小动物非常稀有，我多年来一直未曾见到其真身。后来，或许是缘分到了，我终于有机会多次亲眼见到这个明星物种，同时参与了一些保护工作。而在过去的一年多

春天的瑞岩景区一角

时间里，由于要写作本书，我更是经常到瑞岩景区及附近地区，开展野生动植物拍摄与调查。

我花了很多时间到柴桥山中进行夜探。因为，包括镇海棘螈在内，很多两栖爬行动物具有昼伏夜出的习性。要见到它们、了解它们，就必须夜晚进山去寻找与观察。因此，书中有约一半的内容跟夜探大自然有关，趣味性特别强。

本书题为《棘螈和它的朋友们》，这是什么意思呢？我是想，要以镇海棘螈的故事为重点，同时介绍棘螈的栖息地里面的其他野生动植物，比如说小鲵、蝾螈、蛙类、鸟类、昆虫、野花、野果等（打个比方，有点类似于棘螈的"朋友圈"），希望能让大家大致了解一个以棘螈为中心的生态链。

因此，相对于其他物种而言，关于棘螈的篇幅是最多的。为了让普通读者也能愉快地阅读，我的叙述方式是把科普微小说、亲身经历的故事、研究者访谈、科研数据等几方面相结合，同时辅以大量珍贵的照片与手绘图，尽我所能为大家呈现一个关于镇海棘螈的鲜活图景。我相信，书中不少有趣的细节是绝大多数人以前从未知晓的。

能围绕宁波独有的国宝级动物写一本书，争取让更多的人了解棘螈、关心棘螈、保护棘螈，是我的莫大荣幸。在这里，我首先要感谢北仑区委宣传部、北仑柴桥街道对本书写作的大力支持；同时，也要感谢好多朋友、老师对我的无私帮助。

作为镇海棘螈的特约研究员，胡松林先生多年来持续对镇海棘螈（以及同地栖息的义乌小鲵）进行野外调查，义务开展巡查、保护工作，积累了其他人很少有的第一手野外观察资料，相关内容与影像极为珍贵。在写书过程中，我对松林老师进行了专门访谈，获得了很多关于棘螈野外习性的细节。相关文章写完后，我请松林老师指正，他直接在文稿中修改、补充，又为我增加了大量难得且生动的细节。之后，他还发给我不少关于镇海棘螈与义乌小鲵的野外珍贵图片。

棘螈和它的朋友们

早春的柴桥岭下村后山溪流

  宁波知名科普博物画家徐洋先生，专门为本书创作了关于棘螈的精彩画作，形象地展示了棘螈的形态、习性与生活环境。徐洋的创作态度极为严谨，他不仅收集了大量有关镇海棘螈的资料，还多次专门前往瑞岩景区，实地观察、拍摄棘螈及其野外栖息地，细致到连落叶与蜗牛（蜗牛是棘螈的食物之一）的种类都要弄清楚。

  另外，陈黎明、许天长、姚晔、金黎等朋友，也为我提供了不少宝贵照片。在此一并表示深深的感谢！若没有大家的帮助，这本小书肯定会逊色不少。本书照片与手绘图，若无特别注明，则分别为张海华拍摄，张可航手绘。

  最后，我还想深有感触地说一句：作为阶段性成果，这本小书算是完成了，而我却觉得，关于镇海棘螈，自己的认识才刚刚开始。今后，我将持续、深入地关注镇海棘螈，通过细致的野外调查，重点了解它们的生命史，了解它们的栖息地，希望将来能单独为棘螈写一本书。

  亲爱的读者，让我们共同加入棘螈的"朋友圈"，一起为保护棘螈、保护它们的栖息地贡献自己的一份力量！

目录

来，加入棘螈的朋友圈
引言 / 001
"元元"成长记 / 005
有"螈"相遇 / 016
与"螈"为友 / 026

观光故里的四季野芳
/ 033

早春花丛中的小鸟们
/ 049

河头村的翩翩彩蝶
/ 059

溪流中的"小娃娃鱼"
/ 070

"早婚"的林蛙
/ 079

北仑姬蛙：春雨后的"婚礼"
/ 088

树蛙的"蛙生大事"
/ 098

柴桥九峰山奇妙夜
/ 110

森林里的"鸟语"
/ 122

夏夜寻"猫"记
/ 137

"追踪"大百合
/ 147

美丽蜻蜓，有福来临
/ 154

豆娘的婚礼
/ 163

瑞岩的缤纷野果
/ 177

来，加入棘螈的朋友圈

引 言

2021年2月5日，国家林业和草原局、农业农村部正式公布了新版《国家重点保护野生动物名录》。这是我国根据野生资源变动情况和最新研究成果，32年来首次对名录进行大调整。根据新版名录，镇海棘螈由原国家二级重点保护野生动物调整为国家一级重点保护野生动物。

镇海棘螈，是中国所有蝾螈科的物种中唯一被列为一级保护的动物。

可能有人会问：镇海棘螈长啥样？为什么如此珍稀？

镇海棘螈

正如人不可貌相，野生动物尤其不可如此。论外貌，镇海棘螈实在算不上俊秀，它体长不过十几厘米，全身棕黑色，皮肤上有不少疣粒，因此很粗糙，怎么看都像是一个小怪物。有的人初看到它，甚至还以为它会咬人，且有毒。

不过，镇海棘螈所具有的几个特性，足以说明这个物种的重要性。

一、镇海棘螈为孑遗物种，是名副其实的活化石，极其稀有。通行的说法是，约1500万年前，镇海棘螈就已生活在地球上。据早年的报道，野外的镇海棘螈只有150尾到350尾左右。近年来，随着人工繁育及野外放归工作的进展，其野外种群数量有所增加，但估计不超过700尾。

二、就地理分布而言，镇海棘螈更为独特。这是一种全球范围内只在宁波有分布的野生动物。早先时候，大家都认为镇海棘螈仅分布于北仑柴桥街道的瑞岩景区一带（属于北仑林场的一部分）。而最近几年，在北仑其他地方，乃至鄞州东吴镇、东钱湖等地的山里，又有零星发现。但总的来说，其分布区域非常狭窄，且呈明显的碎片化，栖息地环境脆弱。

基于上述两点，镇海棘螈被世界自然保护联盟（IUCN）评定为"极度濒危"物种，这意味着离"野外灭绝"只一步之遥。

三、镇海棘螈，可以说是中国最稀有而神秘的蝾螈科物种，具有重大的科研价值与生态价值。世界上，蝾螈科棘螈属的物种总共就3种，即镇海棘螈、琉球棘螈和高山棘螈（后两种属于国家二级重点保护动物）。其中，高山棘螈是2014年才发表的新种，其已知栖息地位于华南沿海地区。总之，这3种棘螈均分布在沿海地带，与滨海环境有着密不可分的关系。

科学家认为，保护与研究镇海棘螈，对研究两栖动物（尤其是蝾螈科）的系统发育关系、动物区系和地理区划、物种演化和形成等方面，均有很大价值。

近些年，宁波加大了对镇海棘螈的保育与研究的力度，获得了很多关于镇海棘螈的生命史的宝贵资料，为进一步保护提供了很好的科学依据。

镇海棘螈

棘螈和它的朋友们

镇海棘螈

接下来,我将仔细讲述关于镇海棘螈的故事。

首先带给大家的,是一篇科普微小说《"元元"成长记》,主要以棘螈的视角,来反映它们的成长故事。同时,在小说后面附有由专业单位提供的相关科学介绍。

接下来,是《有"螈"相遇》,是以我和朋友的亲身经历,来讲述人与棘螈的故事。

最后,以《与"螈"为友》作结。

总之,希望更多的人行动起来,和棘螈做朋友,保护好它们的栖息地,保护好人与万物和谐共生的家园!

"元元"成长记

4月,在瑞岩景区的森林里,一场雷阵雨过后,空气温暖而湿润,处处散发着怡人的春日气息。大树的枝头添了不少新绿,而林下依旧铺满了落叶。

阿瑞是一条成年的雄性镇海棘螈,已经在石缝里待了一个白天。随着夜幕降临,它终于可以大着胆子,慢慢爬出石缝,进入落叶堆中。一枚叶子刚好盖住它的身体,只有头部露在外面。它静静地趴着,像一个伪装起来的狙击手,耐心等待目标的出现。

一条蚯蚓歪歪扭扭地在潮湿腐败的枯叶中穿行。阿瑞很快发现了它,但保持不动,直到蚯蚓爬到了嘴边,阿瑞才猛地张嘴,咬住了这肥美的食物。尽管出蛰已经很久,但捕食不易,难得吃到这么好的晚餐——哦不,或许说早餐更合适,因为棘螈是昼伏夜出的,天黑后才是一天中它开始活动的时间。

栖息在岩缝中的镇海棘螈(胡松林/摄)

钻在落叶下伺机捕食的镇海棘螈

吃饱了的阿瑞心满意足，打算去附近闲逛一下。它缓缓爬行，步调从容，没有发出一丝声音。忽然，一阵轻微的震动传到了脚下，阿瑞马上停止了前进，凝神观察。还好，来者并非天敌（比如蛇类），而是同类。再仔细一看，对方居然是以前就认识的阿妍，一条雌性棘螈。而此时，阿妍也认出了阿瑞。

说来也是缘分，在这美好的春宵，浓浓的爱意瞬间在两者之间点燃了。

阿瑞情不自禁地围绕着阿妍走动起来，边走边轻轻摆着尾巴，好像在跳着一种古老的舞蹈。阿妍也不由自主地加入了这种节奏舒缓，却深情款款的舞蹈，互相以彼此之间的中点为原点，绕着"跳"了几圈"婚舞"。在此过程中，阿瑞排出了精荚（也叫精包，是包裹精子的微小的囊），而阿妍的泄殖腔稍后便"拾取"了这些精荚。它们的"洞房花烛夜"就这么度过了。

若干天后，阿妍的体内便充满了受精卵，腹部变得胀鼓鼓的。在一个晚上，它慢慢爬到了一个位于山脚的小水塘边。这个水塘的位置非常隐秘，上面有树冠遮盖，周边是丛生的灌木与草本植物。水塘虽小，但水质非常清澈，且长年不干。阿妍选择靠近水边的一个斜坡，开始在枯枝落叶堆中产卵。费了很长时间，它共产下了几十枚卵，每一颗卵都如珍珠般晶莹剔透。精疲力尽的阿妍离开时，发现这个水塘的岸边已经有了

准备产卵的雌性镇海棘螈

正在产卵的雌性镇海棘螈（胡松林/摄）

刚产下的镇海棘螈的卵（胡松林/摄）

好几窝由别的雌螈产的卵。看来，大家都喜欢把这里当作未来的棘螈宝宝的"摇篮"。

一个多月后，卵中的胚胎逐渐发育成熟。终于，一个个棘螈宝宝像小鸟破壳一样，陆续钻出了卵膜。它们都非常微小，平均体长不到2厘米（其中一半多还是尾巴的长度）；也异常娇嫩，半透明的皮肤简直吹弹可破。

其中一个雄性宝宝，名叫"元元"。它尽管天生强壮，但毕竟刚孵化出来，四肢没有力气，只好努力摆动尾巴，扭动身体，想让自己弹跳起来，尽

镇海棘螈的卵中胚胎（第19天）（胡松林/摄）

快入水。可是，这几十厘米的路程竟如此漫长，它费了九牛二虎之力，才移动了一丁点儿。更让它感到又惊又怕的是，一路上见到好几个棘螈宝宝已经死了，估计是因为它们的体力已完全耗尽。

更可怕的是，努力了好多个小时，眼看离水塘越来越近了，可元元却粘在了一枚干燥的叶子上。它使劲摆动身体，都无济于事，还是粘在原地一动不动。天哪，元元低呼了一声，心想：这下完蛋了！

正当绝望之际，天色忽然暗了下来，伴随着簌簌的风声，密集的雨点唰唰地下来了。在清凉的雨水落到元元身上的瞬间，它长长地舒了一口气，知道自己有救了。不一会儿，地表形成了好多细细的水流。借着雨水的冲刷，元元简直就像坐滑滑梯一样，快乐地跃入了水中。在水塘中，元元找到了好多小伙伴。它们中的大多数，跟它一样，入水没多久；也有少数，在约10天前就入水了。

棘螈宝宝们的身体呈黄绿色，体表有很多灰黑色的斑纹，看上去跟水底的岩石或腐烂的叶子的颜色非常接近。它们像小鱼一样在水里活动，跟鱼儿不同的是：棘螈宝宝的头后具有羽毛状的外鳃，这是它们的呼吸器官；同时，作为两栖动物，它们还生有四肢。

刚孵化出来的镇海棘螈（人工繁育）（许天长/摄）

好不容易来到了水中，在感到安全的同时，元元忽然觉得饥肠辘辘。无奈之下，它只好学着蛙类的蝌蚪，准备就近啃食一些藻类来充饥。看着它那窘样，别的小伙伴告诉它：要学会抓水中的虫子吃，这样才能充分补充蛋白质，长得快，长得壮！

于是，元元静静趴在水底，微微昂着头，等待捕食机会的到来。不久，一条线状的红色小虫，就像极细的蚯蚓，一扭一扭地，快速游到了它身边。元元迫不及待地张嘴去咬，可是扑了个空。经过多次失败，元元告诉自己不要心急，一定要等红线虫送到嘴边才出击。好在这水塘中有很多红线虫，元元终于成功捕到了好几条。

几天后，它的捕食技巧越发老练了，不仅能轻易地吃到红线虫，还学会了捕食蚊子的幼虫孑孓。元元的身体迅速长大，后来它甚至能捕食小虾米，乃至蛙类的小蝌蚪。

有一天，元元跟在一个小伙伴后面，悠闲地在水中游走。忽然，恐怖的一幕发生了：随着水底一阵小小的泥雾腾起，还没弄清怎么回事，前面的小伙伴已被一对可怕的钳子牢牢夹住了！元元吓得魂飞魄散，眼睁睁看着小伙伴被一只外貌狰狞的小怪兽啃食了。

姬蛙的蝌蚪非常小，是棘螈幼体的食物之一

棘螈和它的朋友们

水虿是棘螈幼体的天敌

等反应过来后,元元迅速钻到了水底的落叶下,半天不敢出来。后来,它去问比自己早好多天入水的同类:这水中的怪物到底是什么?对方听说后也是一脸惊恐,告诉元元:怪物的名字叫水虿(chài),是蜻蜓目昆虫的幼虫,它们具有既能折叠隐藏又能瞬间弹出的捕食钳,对水中的很多小动物都具有致命的威胁。

万幸的是,元元在水中生活了近两个月,好几次遇到水虿,最终都有惊无险,而它的好多同伴都已经死去。此时,元元的身体比刚入水时长了约1厘米,体表变成了棕黑色,外鳃也开始萎缩了。它感到自己体内有一种神秘的力量,似乎在催促它:该离开水塘了,上岸吧,回到森林里去吧!

这种无声的召唤让元元躁动不安。终于,在7月盛夏的某一天,它尝试着向岸边爬去,与两个月前比,这是一次勇敢的逆行。上岸之后,它发现,自己已经不需要外鳃,可以改用肺来呼吸了。

此时的森林,已经是草木茂盛,浓荫覆盖。面对这未知的世界,元元虽然还只是个孩子,心中有点忐忑不安,但它没有回头,缓慢而坚定地,进入了森林。这里,才是它要生活一辈子的地方。

从此以后,它再也不会主动入水。

镇海棘螈(成体)

认识多一点

"螈来如此"：镇海棘螈的"前世今生"

2023年，一本题为《螈来如此："宁波的大熊猫"镇海棘螈》的科普宣传册问世，它由浙江省野生动植物保护管理总站、宁波市自然资源和规划局、宁波市自然资源和规划局北仑分局、北仑区林场和中国计量大学联合出品。这里，就以这本册子的内容为基础，为大家简单介绍镇海棘螈的"前世今生"。

调查人员在镇海棘螈的繁殖水塘旁考察

发现与定名过程

1932年，中国两栖爬行动物学研究先驱、宁波人张孟闻先生在镇海县城湾村（现属北仑区）首次发现了镇海棘螈这个新物种，当时定名为镇海疣螈。可惜，唯一的模式标本在抗日战争期间不幸遗失。后来，由于城湾村一带的环境发生很大变化，再也找不到镇海棘螈，因此曾有学者对该物种是否真的存在表示怀疑。

1978年，蔡春抹、黄永昭等先生在镇海县瑞岩寺（现属北仑区）附近再次发现了这个物种。1984年，蔡春抹和费梁以在瑞岩寺附近采到的标本作为新的模式标本，并进行了详细描述，证实这个物种的有效性，并确认它属于棘螈属。镇海棘螈由此正式定名。

中国科学院成都生物研究所等科研单位的专家经过长期观测，发现镇海棘螈的种群数量比大熊猫还少。由于这个物种是宁波独有的，故被称为"宁波的大熊猫"。

棘螈和它的朋友们

简要生活史

镇海棘螈喜欢生活在森林植被茂盛、阴暗潮湿的地区，白天很少活动，常躲藏于石缝土隙中或枯枝落叶下，晚上出来觅食。

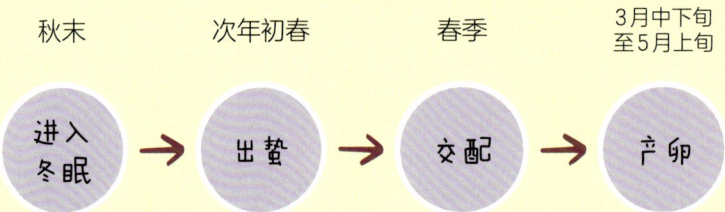

秋末	次年初春	春季	3月中下旬至5月上旬
进入冬眠 →	出蛰 →	交配 →	产卵

产卵盛期是在 **4** 月份。

在产卵期，雌螈会爬到繁殖水坑旁边的落叶堆中产卵，平均窝卵数 **72** 枚。

产卵场所需要有丰富植被遮盖，水体为永久或半永久的静水坑，且具有一定坡度。

受精卵

受精卵平均直径为4.8毫米，孵化期受环境因素影响较大，目前的研究记录显示最短32天，最长67天。

破膜而出的幼体

胚胎发育成熟后，破膜而出的幼体凭借自身弹跳或地表径流进入水坑，继续生长发育。此时的幼体平均体长1.98厘米，平均体重0.05克。研究结果显示，成功进入水体的幼体的比例最高为54.55%，最低仅为3.57%。

水中的幼体

幼体在水中具有羽毛状的外鳃。体色随着发育时间而变化,逐渐加深。幼体主要以线虫、昆虫幼虫、小型蝌蚪等为食。其天敌主要是蜻蜓目昆虫的幼虫(水虿)。

上岸后的镇海棘螈

根据具体环境条件的不同,镇海棘螈幼体在水中发育41—82天不等,在外鳃萎缩后,幼体完成变态发育的整个过程,从水中上岸,改为用肺呼吸,终生不会再主动入水。幼体较低的入水率和上岸率是镇海棘螈种群数量增长缓慢的重要原因。

　　镇海棘螈的亚成体与成体生活于陆地上,主要以蠕虫、蚯蚓、小蜗牛和蜈蚣等为食。通常,要等猎物到嘴边了,镇海棘螈才会捕食。

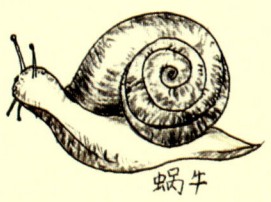

蜗牛

蜈蚣

　　镇海棘螈雌雄相似,难以从外观上直接区分。成年雌螈的体长比雄螈稍大,平均全长为13.7厘米(最长15厘米左右),雄螈平均全长为11.9厘米。

(前页与本页的手绘图取自徐颜佑小朋友的自然笔记作品《水陆精灵——镇海棘螈》)

有"螈"相遇

25年前,我刚到报社做记者,平时和林业部门联系比较紧密。那时,就听林业工作人员说,有一种特别古老、珍稀的小动物,叫作镇海棘螈,全世界只有宁波有,主要分布在北仑瑞岩寺附近。从那以后,对我来说,镇海棘螈就是一种充满了神秘感的两栖动物。

一

然而,我虽久闻镇海棘螈的大名,多年来一直无缘在野外与之相遇(被放生的个体不算)——直到2024年春末,在一个雨后的晚上,我才一圆夙愿。

那是一个周末的夜晚,我约了阿则一家到柴桥山里夜探。刚下过一场雷阵雨,山里的空气温暖而湿润,周围的蛙鸣声此起彼伏,主要是北仑姬蛙、泽陆蛙和布氏泛树蛙的叫声。当时,我和阿则正蹲在一个小水塘边拍摄北仑姬蛙,忽听阿则爸爸在不远处喊了起来:"快来看,这是不是镇海棘螈?"乍闻此言,我简直不敢相信自己的耳朵:什么,刚进山就发现了这个宝贝?

眼前的北仑姬蛙顿时失去了吸引力,我和阿则立即飞奔向前。

天哪,真的是一条镇海棘螈!

只见它在潮湿的落叶堆中缓缓移动,显然是在寻找食物。这是我第一次见到野外自然状态下的镇海棘螈,心情非常激动。我们蹲在沟边,采取各种角度,拍了好一会儿。拍满意了,我们才放下相机,好好端详了一番。

夜晚出来觅食的镇海棘螈

用树枝将镇海棘螈轻轻挑起来,可以看到它前肢有4指,后肢有5趾

小家伙看上去丑丑的,但还是挺可爱的:全身呈棕黑色,扁而宽,体长10厘米多一点,浑身布满了大小不一的疣粒,背部中央有一条明显突出的脊线;其前肢各有4指,而后肢各有5趾,指和趾的前端为鲜明的橙黄色,尾部的腹面是差不多的橘红色。

然后,我们就去寻找其他小动物了。约一个小时后回来,经仔细寻找,才发现它还在老地方,只不过大部分身子藏在落叶下。若非事先知道它在这地方活动,那真的是不大可能看到它的。于是,忍不住又拍了一会儿。估计被闪光灯多闪了一阵,它有点不安了,只见它慢慢爬进了石缝,再也不出来了。

二

其实,这倒并不是我第一次见到镇海棘螈,只不过初次见到的那回,是在一位村民家里，而非野外。

那是在2013年5月9日傍晚，鄞州区东吴镇的村民老蔡激动地打通了《宁波晚报》的新闻热线，说镇海棘螈到他家里来了。同事马上喊我过来接听了这个电话。

当时我非常吃惊：什么，如此罕见的物种会进入类的家门？这怎么可能？再说，老蔡所说的地点是一个全新的分布点，离瑞岩寺挺远的。因此，起初我对老蔡发现镇海棘螈的说法是有怀疑的。

次日上午，我来到老蔡的发现地，那是在山脚的小溪末端的一个水潭边，旁边就是老蔡的住处及菜地。当时，老蔡把"小怪物"放在水桶里，我见到后大吃一惊，竟然真的是大名鼎鼎的镇海棘螈！这是我第一次见到活体。

"老蔡，你怎么知道它是镇海棘螈？"我很好奇。

"其实，早在2009年冬天，我就见过它了。那天在菜地里干活，刚翻开土层就见到了这怪东西，黑乎乎的，吓了我一跳。后来，每年春天都会遇到它，有一次它甚至爬进了院子里。"老蔡说，"今年初，我去北仑瑞岩景区游玩，在那里看到了镇海棘螈的标本图片，当时才想到，自己看到过的'小怪物'很像镇海棘螈！巧的是，这回我老婆又在小水潭边发现了它。"

很快弄明白了，这个小水潭正是镇海棘螈幼体的生活场所，故每年春天常有雌性镇海棘螈来潭边产卵。随后，老蔡在水潭附近把这条雌螈放生了。我也就此写了一篇报道发表在《宁波晚报》上。而在2014年4月中旬，又有一条雌性棘螈来到了老蔡住处，再次被老蔡发现。我得知后也马上过去看了，拍照后随即放生。

无独有偶，在2016年6月，我的同事又在报上发表了一篇报道，称在东吴镇的山里（与老蔡的发现地不是同一个山头）又发现了镇海棘螈，发现者是在当地承包林地种植有机果蔬的老金。老金发现的是一条断了尾巴的镇海棘螈，当时"它一动也不动，趴在枯叶下面"。在确认它的身份后，老金将它在野外放生了。

2013年5月，进入老蔡住处的雌性镇海棘螈，后被放生

2014年4月，再次进入老蔡住处的镇海棘螈

三

2017年5月，我有幸跟随林业部门的专项调查人员，来到位于北仑林场的镇海棘螈保护区，实地见到了镇海棘螈繁殖区域。在专家指点下，我才看到，镇海棘螈的卵就产在水塘边疏松湿润的泥土中，每颗卵都晶莹剔透，而且当时已有小棘螈的胚胎。不过那次没有见到棘螈的成体。

一晃又是多年过去。

2024年5月19日，在瑞岩景区，我参加了北仑组织的与国际生物多样性日有关的活动，活动的一个重要主题就叫作"和棘螈做朋友吧"，呼吁大家共同关注与保护镇海棘螈。在现场，我不但见到了成体的镇海棘螈，还见到了两条人工繁育的亚成体。其中，最小的那条体长才3厘米左右。而据繁育棘螈的小李说，这小家伙孵化出来其实已有两年，由于镇海棘螈生长速度非常缓慢，因此虽然已有"两岁"，但依旧是那么弱小。或许，这也是棘螈种群难以壮大的一个原因吧。

也是在2024年5月，对上文中曾经发现棘螈的东吴两地，我特意进行了实地探访，也找到了老蔡与老金这两位当事人。不过，令人遗憾的是，两人都说，近些年他们都没有再见过镇海棘螈。

据现场查看的情况，我觉得，最近几年那两个地方难觅棘螈踪影，很可能是微环境变化导致的。因为，镇海棘螈对栖息地（尤其是繁殖水塘）的要求比较苛刻。它们最喜欢的繁殖地，是那种处于繁茂植被遮蔽下的永久性（至少是半永久性）的洁净水坑，周边要有很多自然堆积的枯枝落叶。而一旦这样的微小水体消失（比如说被无意中填埋，或因周边植被遭到砍伐而被晒干），棘螈就失去了宝贵的繁殖场所，这对于种群繁衍简直是灭顶之灾。

镇海棘螈（大、中、小），最小的一条是"两岁"

四

我本人对镇海棘螈的观察、了解并不多,但我的朋友中倒是有一位对镇海棘螈有多年观察、记录、保护经验的人,那就是家住北仑的胡松林。他也是一位资深的自然爱好者,经常利用业余时间进行野生动物调查与保护。除了关注镇海棘螈,早在2012年,他就在瑞岩景区内发现了另一种珍稀两栖动物,那就是义乌小鲵,属于国家二级重点保护动物。

前两年,在北仑林场负责镇海棘螈保护与人工繁育的中国计量大学团队的负责人徐爱春博士,就聘请胡松林为特约研究员,一起为研究、保护镇海棘螈出力。

2024年10月的一个午后,我约了松林,请他聊聊关于镇海棘螈的故事。他说,从2019年开始,他花了大量时间与精力,在野外寻找、观察镇海棘螈,记录它们的各种行为。

松林说,有一天晚上,他和妻子一起到柴桥山中夜探,妻子忽然对他说"快看石缝里,有棘螈"。他回转身子,用手电一照,赫然看到,一条棘螈正在吞食一条红头大蜈蚣——正式名字叫"少棘蜈蚣",体长通常在10厘米出头。他又惊又喜,刚举起相机准备拍摄,受惊的棘螈就吐掉食物,缓慢躲到了石缝深处。对此,松林连声说可惜可惜。要知道,在野外,要

蜈蚣是镇海棘螈的食物。图中这条蜈蚣正在吃昆虫

瑞岩景区内常见的环肋螺(蜗牛的一种),是镇海棘螈的食物之一

记录到镇海棘螈捕食行为的概率是很小的；同时，这种记录对了解镇海棘螈的野外食谱和加强生态链保护，均有很高的价值。

关于镇海棘螈在受到惊吓或遇到天敌时的独特防御方式，权威资料上都有描述，但在野外亲眼见过的人很少，而松林则遇到过，并且遇到过很多次。他说，对于这种防御行为，印象最深的一次是在2021年4月中旬的一个晚上。

那天夜里，他和妻子，还有中国计量大学参与棘螈人工繁育课题的研究员李婷婷，3个人正在做日常的野生镇海棘螈繁殖情况调查。在离繁育保护区不远的路边，偶然发现一条棘螈正缓慢地爬动，于是他就趴下去用相机进行记录。这是一条成年雌性棘螈，体长约15厘米，腹部明显向两侧鼓起，应该是正在寻找产卵场所。估计是因为手电光和相机闪光惊动了它，这条棘螈立即闭上眼睛，四肢向内收缩，头胸部和尾部尽力反弓翘起，仅留腹部的一部分着地；反弓的身体全身绷紧，身体变扁，背部骨架犹如

受惊后采取防御姿态的镇海棘螈（胡松林/摄）

树叶的叶脉般明显凸起，背部两侧的棘骨外突。内缩的四肢、张开的橙色脚趾配合深褐色的体表，使它看起来恰如一片凋零的枯叶。

松林继续说："紧接着，可能是我趴在地面观察的缘故，更是目睹了在研究资料中所没有描述过的惊奇一幕：在全身弓起的过程中，它背部凸起的疣粒，开始分泌一种透明的液体。这种分泌犹如间歇式喷泉般，是一种单次的瞬时飙射。根据疣粒的大小不同，从每一粒疣粒中飙射出的液体高度也不一样，最高的目测约10厘米。由于此前没有这方面的记录，这种液体的成分还未经测定。不过，不管怎么说，上述行为应该是棘螈的一种自我防护机制。"

松林的描述非常精彩，我也听得津津有味。

关于棘螈的防御行为，这里补充一段内容。一位署名"Spark的碎碎念"的网友曾对镇海棘螈进行了3年的自然观察，也亲眼见到了镇海棘螈的"反捕食姿态"。他曾撰文描述："镇海棘螈身体变扁，其实是依靠肋骨向外扩张，并且肋骨的尖锐末端会挤压、刺破两肋边缘的瘰粒，分泌出毒素。如果这时候捕食者想吞下这只棘螈，棘螈支棱起来的肋骨和毒素都不会让捕食者的口腔好受。"他还说，自己曾"直接用摸过棘螈的手擦脸"，由于接触到了毒素，结果"第二天脸上出现了小范围皮炎"。

松林还说，关于镇海棘螈，他最遗憾的是从未见到过它们的交配行为。他说，有一次，在镇海棘螈繁殖季的夜间调查过程中，他已经看到两条棘螈在追逐（前雌后雄），应该是在求偶；但可惜，当他靠近，灯光一照到它们，它们马上不动了，并在静止一段时间后各自分开了。

关于镇海棘螈的交配行为，权威的研究资料或报道很少，我只看到过一种符合陆生的蝾螈习性的比较可信的描述：雄螈与雌螈面对面进行环绕爬行，在此过程中，雄螈排出精包，而雌螈的泄殖腔会"拾取"精包，将其纳入自己体内，从而完成受精。

松林也说，关于镇海棘螈，确实还有很多值得深入探究的问题。比如说，它们的详细食谱、天敌、准确的性成熟时间、寿命、人工扩繁（指通过

镇海棘螈在求偶追逐（左雌右雄）（胡松林/摄）

人工繁育扩大种群）野外放归后的存活率等，都需要进一步弄清楚，尤其是要加强野外调查与研究的力度。

当然，最重要的是，要严格保护好镇海棘螈的栖息地的原生态环境，这是开展所有研究、保护工作的基础。否则，皮之不存，毛将焉附？

与"螈"为友

作为宁波独有,且主要分布在北仑的一种国家一级重点保护动物,镇海棘螈有着浓浓的北仑特色。当年,北仑承办中国国际女子排球赛等赛事时,其吉祥物"圆圆"的原型即镇海棘螈。

而近些年,随着曝光率的增加,以及公众参与度的不断提升,镇海棘螈的名气越来越大,尤其是在宁波本地,几乎可以说是一种"网红"小动物了。大家都乐意与棘螈做朋友,以实际行动保护它们。

说起棘螈的亲密朋友,中国计量大学的相关团队显然当之无愧。近年来,宁波有关部门就和中国计量大学的科研团队紧密合作,对镇海棘螈进行抢救性保护,开展了涉及镇海棘螈资源本底调查、繁殖生态学研究、栖息地改造、人工繁育和野外放归等方面的一系列工作。该团队由中国计量大学的徐爱春博士负责,每年都有学生来到北仑林场,具体负责镇海棘螈的保育、研究工作。由于这些学生以女生居多,因此她们被亲切地称为棘螈的"新妈妈"。

我在网上看到,有一位曾经从事镇海棘螈保育工作的女孩张吉,她根据自己的实际工作经历,写了一篇《记录我的带"娃"经历》,文章写得很实在,也很感人。她说:"盼啊盼,等啊等……终于到了镇海棘螈破壳而出那天,有一种怀胎十月终于等到娃降生的感觉。"她还风趣地说,当棘螈宝宝孵化出来后,"换尿布(换水)、喂奶(投食)"便成了最日常的工作,有时,团队的人还得在野外采集淤泥,收集底栖动物,就是为了给棘螈宝宝制备食物。到了6月下旬,"我的棘螈宝宝外鳃开始萎缩,并终于开始上岸了!"

从2018年至今,在北仑林场,每年都有将人工繁育的镇海棘螈进行

北仑林场有一个镇海棘螈保护研究及人工繁育实验室(许天长/摄)

从事镇海棘螈的保护、人工繁育等事项的团队在工作(许天长/摄)

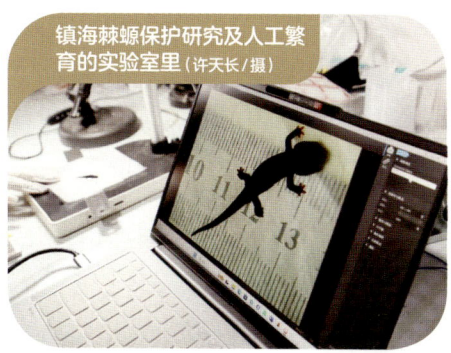

镇海棘螈保护研究及人工繁育的实验室里(许天长/摄)

人工繁育的镇海棘螈亚成体(许天长/摄)

棘螈和它的朋友们

将人工繁育的镇海棘螈放归野外（许天长/摄）

野外放归的活动。据报道，截至2023年，已有1700多尾小棘螈被放归森林。照此推算，到2024年底，已有2000尾左右的小棘螈被放归。

每年的野外放归活动，不仅对稳定、壮大棘螈的种群起到了良好作用，同时，由于公众（特别是中小学生）的积极参与，也让越来越多的人有了一个与"宁波的大熊猫"亲密接触的机会。不用说，这些参与者（乃至他们的亲人、朋友）从此也成了棘螈特别好的朋友。

有些参加过棘螈野外放归或参观过棘螈人工繁育实验室的孩子，还拿起笔，认认真真做起了关于镇海棘螈的自然笔记。作为"2024年宁波市青少年自然笔记大赛"的评委之一，我欣喜地看到，此次大赛收到了好多以镇海棘螈为主角的自然笔记作品，其中不乏精品佳作。结果，在一、二、三等奖中，均有一件关于镇海棘螈的作品，这也是十分难得的。其中，荣获一等奖的作品，是宁波江北区的一个名叫徐颜佑的孩子创作的，作品题为《水陆精灵——镇海棘螈》。

曾3次来到北仑林场观察镇海棘螈的小徐同学,在参评的表格中,专门写下了自己的创作过程与心得体会:

在"甬有生态"亲子活动之"螈起自然"三期系列活动中,我见证了棘螈的成长旅程,亲眼观察了它们从幼小生命到成年个体(注:准确地说应该是"亚成体")的惊人变化。最后我还亲手将镇海棘螈放归到了它们的栖息地。(看到小棘螈)从自己的手中走向野外,我的心中充满了喜悦与不舍。我深深喜欢上了镇海棘螈这种可爱的动物。

创作自然笔记的过程中,我通过亲眼观察、近距离接触,以及(听取)科学老师和宁波北仑棘螈专家的讲解,回家后再自行查阅相关资料,这让我的自然笔记有了科学的基础。

通过此次自然笔记创作,我明白了人类生活在大自然里,每个人都是自然的守护者,我们要共同保护宁波特有的珍稀濒危物种,保护镇海棘螈,这对生物多样性保护具有重要意义。

无独有偶,获得二等奖的涂千雪同学(北仑的一名中学生)也发表了类似的创作感悟:"要保护物种多样性,首先得保护它们的栖息地,一起努力吧!"

孩子们说得多好啊!是的,我们都要做棘螈的好朋友,以实实在在的行动爱护自然,保护自然!

来，做一回自然小侦探！

春天的一个月夜，在北仑柴桥的九峰山里，镇海棘螈出来活动了。仔细看，它们在干什么？有没有遇到危险？紧急情况下，棘螈会怎么办？

这幅由宁波科普博物画家徐洋创作的《镇海棘螈生物群落图》，正是在科学考察的基础上，按照实景所描绘的。图中所反映的生物的状态，以及生物之间的关系，在本书的正文中都可以找到。

亲爱的读者，现在请你们来做一回"自然小侦探"，认真观察画中的小动物，并说出它们的具体行为或状态。

A1　镇海棘螈
A2　镇海棘螈的卵
A3　镇海棘螈
B　环肋螺
C　黑眉锦蛇
D　猫头鹰

（徐洋/绘）

观光故里的四季野花

北仑柴桥的近现代史上，在跟生物学有关的领域，至少有两颗耀眼的明星：其中一颗星，毋庸多言，自然是镇海棘螈；而另一颗星，我想当属著名植物学家钟观光先生。因此，在讲完棘螈的故事之后，且让我紧接着为大家介绍钟观光，然后再介绍大师家乡的四季野花。

中国近代植物分类学的开拓者：钟观光

钟观光（1868—1940），出生于宁波镇海县柴桥大溟村（今属北仑区），为中国近代植物分类学的开拓者和奠基者。在中国，他是最早按照近代植物分类学的方法，进行植物标本系统采集的学者，成果斐然，著述颇丰，在中国植物学史上被称为"旧时代最后一人，新时代最初一人"。

有两种珍稀植物，跟钟观光

宁波植物园中的钟观光雕像

先生息息相关。其一，是有"地球独子"之称的普陀鹅耳枥；其二，则是以钟观光先生的名字命名的观光木。

普陀鹅耳枥，为桦木科鹅耳枥属的落叶乔木，由钟观光于1930年首次发现。这种树的野生植株目前已知在全球仅存一株，它是一棵古树，长在舟山市普陀山风景区的佛顶山。普陀鹅耳枥被列为极度濒危物种（跟镇海棘螈一样），属于国家一级重点保护野生植物。

观光木，别名香花木，为木兰科含笑属的常绿乔木。1919年，钟观光在广西首次采得此树标本。目前，观光木属于国家二级重点保护野生植物，主要分布于云南、广西、广东、福建、江西等地，种群数量稀少。观光木花期4月，花单生于叶腋，远看状如一朵朵微小的莲花，具有沁人心脾的芳香。

目前，在钟观光的老家大溪村，有钟观光故居（纪念馆）；而在宁波植物园内，则有专门的钟观光科普馆。这两个地方，我都专门去参观过。上述两种珍稀树木在钟观光故居与宁波植物园内均有引种，其中植物园的植株（就在钟观光科普馆门前）已经长得很繁茂，大家有兴趣可以去看看。

下面，就让我们跟随四季的脚步，一起来欣赏大师故里的野花之美吧。

普陀鹅耳枥的花序

观光木的花具有芳香

瑞岩的"报春花"们

2月中旬，宁波尚未入春，而我漫步在瑞岩景区周边、云雩山森林游步道，已看到老鸦瓣纷纷开放。它们仿佛在率先报告：春天的脚步越来越近了。

老鸦瓣是本地冬末春初的明星野花，曾被称为"中国原生的郁金香"（早年归入百合科郁金香属，现划入老鸦瓣属）。其叶细长碧绿，状如韭菜；状如花瓣的花被片为白色，背面有紫红色条纹，清丽素雅。

跟老鸦瓣开得一样早的，是夏天无。这是一种罂粟科紫堇属的多年生草本，盛花期3月。早春，在瑞岩的山路边，可以见到一大片粉紫色小花，犹如美丽的花毯。俯身细看，会发现小花成串悬挂在约10厘米高的花茎上，花形很独特：每朵花皆呈筒状，尾部尖，而上下两枚花瓣张开，作展翅欲飞状。在瑞岩，其他常见紫堇属植物还有刻叶紫堇、珠芽尖距紫堇、黄堇等。另外，云台南星、蒲公英、蛇莓、紫花堇菜、长萼堇菜等草花也是在初春盛开的。

老鸦瓣

夏天无

云台南星

紫花堇菜

除了草本植物，在柴桥的九峰山里，还有不少灌木、树木的花期也很早。

瑞岩景区里有一种很常见的植物，名叫杜茎山，是报春花科杜茎山属的灌木。早春开花，朵朵小花犹如微小的绿白色灯笼，紧挨着挂在枝条下，十分可爱。

杜茎山

檫木是高大乔木，二三月间，在叶未萌生之时，花朵便已盛开，老远便可见其繁花满树，一片鹅黄，煞是好看。

檫木

山路边的野樱花也有不少，我见到最多的是浙闽樱，其次是迎春樱。3月，在瑞岩景区外围的盘山公路边，有很多浙闽樱，它们的白色花朵盛开时非常繁密，犹如一个个花团，在春天的阳光下熠熠生辉。

浙闽樱

离镇海棘螈自然繁殖地很近的地方，我还见到了一株豆梨（蔷薇科梨属）。豆梨可谓近几年的网红树，每年3月，东钱湖边的一棵豆梨树满树白花，临水自照，引得无数市民前去观赏。而瑞岩的这棵豆梨，树干苍劲，繁花胜雪，也很美。

豆梨

人间最美四月天

进入4月,山野里可谓"乱花渐欲迷人眼",一年中野花最多的时节来临了。

在北仑,有记录的野生杜鹃花有杜鹃(映山红)、普陀杜鹃、马银花、满山红和羊踯躅。也就是说,宁波的杜鹃属野花的大多数种类在北仑都有。而在柴桥境内,我个人所见最多的是普陀杜鹃和马银花。

杜鹃3月开始绽放,盛花期在4月,其特点是花冠鲜红或深红。普陀杜鹃其实是杜鹃的一个变种,开粉紫色或紫红色的花,除了花色与后者不同,两者没啥区别。

马银花的盛花期也是4月,其花朵为淡紫色,花冠上方的裂片内面有深紫色的斑点。马银花的花总是数朵聚生于枝顶的叶腋,看上去特别密集。

如今的柴桥,被称为"中国杜鹃花之乡",花木产业欣欣向荣,在国内很有知名度。2024年4月,我在河头村的田野里看到,红、紫、白、黄等各色人工培育的杜鹃花团锦簇,开得十分热闹。

普陀杜鹃

马银花

除了杜鹃花，4月的九峰山里，各种野花实在太多了，我只能再选择几种，为大家简要介绍一下。

在瑞岩景区内外的山路边，唇形科的草本植物野芝麻和小野芝麻均成片开放，随处可见。另外一种多见的唇形科植物叫作韩信草，紫色的小花像牙刷毛一样排列在同一侧，很有特色。

瑞岩景区内，粗大的常春油麻藤缠绕在大树上，4月下旬进入盛花期，紫红色的花朵颇似振翅欲飞的雀鸟。

山区溪流边，运气好的话，可见到盛开的华东唐松草（毛茛科），它们的花朵非常独特：没有花瓣，却有很多展开的雄蕊，像极了在春日里绽放的焰火，非常美。

在河头村的山脚，我还见到了白鹃梅。这是一种属于蔷薇科白鹃梅属的灌木，花朵洁白胜雪不说，最引人注目的是花中央有绿色的花盘，雄蕊就长在这个花盘上。有网友说，这个花盘很像是"长着长睫毛的大眼睛"，真的很形象。

2024年4月，在瑞岩景区的竹林下，我还偶然遇到了开金色花朵的金兰，这是一种不常见的野生兰花。在九峰山中，我的朋友孙小美曾见过成片开放的大花无柱兰。每年清明前后，是大花无柱兰盛开的时候。这是一种主产于浙江的珍稀兰花，其模式标本就产于宁波。它们那淡紫红色的小花非常精致，排在一起的话，看起来就像是一群小精灵在迎风摇曳，特别清丽可爱。

另外，4月的柴桥山中，峨参、金疮小草、活血丹、还亮草、蒲儿根、檵木、紫藤、油桐等开花植物还有不少，均有较好的观赏价值。

小野芝麻
韩信草
常春油麻藤
华东唐松草
白鹃梅
金兰
大花无柱兰
蒲儿根
油桐

夏日佳卉:"毛叶铁"及其他

5月,春花渐渐隐去,夏花开始登场。

毛叶铁线莲,花友们常简称为"毛叶铁",是很有乡土特色的野花。此为浙江特有的植物,其模式标本产于宁波,宁波属于其主产区,尤其多见于北仑的山上。这是一种多年生的落叶木质藤本,盛花期在5月底到6月,开花时正所谓"藤似铁线,花开如莲",花朵硕大而美艳,观赏性极强,是很多世界著名园艺铁线莲的重要亲本之一。

2017年5月中旬,我和省林业部门的专业人员一起,先到北仑林场探访镇海棘螈,第一次见到了棘螈的卵。之后,我们又特意去附近的山顶寻访毛叶铁线莲,可惜那天到了现场,发现还全是花苞。后来,在6月初,我又特意去了一趟,才如愿拍到了"毛叶铁"。2024年5月中旬,我在瑞岩景区内拍野花时,在半山腰无意中发现了一朵盛开的"毛叶铁",没想到这么早就开了!

毛叶铁线莲

毛叶铁线莲

在瑞岩景区，还有一种特色野花，其数量特别多，那就是山姜。这是一种姜科山姜属的多年生草本，花期5—6月。我在镇海棘螈的繁殖水塘边也见到过这种植物。山姜的叶子又长又大，数十朵红白两色的小花聚生于花轴上，非常艳丽。

从5月初开始，各种蔷薇的盛花期来了。野蔷薇、小果蔷薇、金樱子、硕苞蔷薇等野花竞相绽放，特别是小果蔷薇，盛开时很有气势，常形成洁白的花瀑。

此时，跟小果蔷薇一样花开如瀑的，是络石，此为夹竹桃科络石属的常绿藤本植物。络石的花有芳香，且形如微小的风车，故俗称"风车茉莉"。2024年5月，在北仑林场的工作区，在河头村的山脚，我都见到了成片开放的络石。

山姜

小果蔷薇

络石

九峰山里，初夏的常见野花还有虎耳草、过路黄、黑鳗藤、醉鱼草（花期很长，可从初夏延续到中秋）等，就不一一介绍了。

盛夏时节，天气炎热，野花不多。不过，2024年夏天，我在柴桥山中有幸遇到了荞麦叶大百合，这是一种属于国家二级重点保护野生植物的美丽百合（详见本书《"追踪"大百合》一文）。

夏末，在瑞岩景区附近的山路边，可见到不少石蒜。花鲜红色，花被裂片强烈反卷，边缘皱缩；雄蕊、雌蕊均远远伸出于花被之外。因其花色鲜红，故也被称为红花石蒜，另外还有一个俗称居然叫"蟑螂花"。

虎耳草

过路黄

黑鳗藤

醉鱼草

石蒜

秋菊秋蓼亦动人

夏末秋初，鸭跖(zhí)草、油点草、野葛、毛鸡屎藤、九头狮子草、白花败酱等野花进入了盛花期，它们的花朵各有特色。如，鸭跖草的蓝色花朵犹如作势欲飞的昆虫，故有碧蝉花、翠蝴蝶之称；油点草的花分上下两轮，有人说它很像小丑的帽子。

鸭跖草

油点草

野葛

毛鸡屎藤

正式入秋之后，天气日渐寒凉，此时在柴桥的山野里依旧盛开的野花，若论种类与数量，最多的当属两大类：其一，是各种菊科野花，如三脉紫菀、陀螺紫菀、大吴风草、黄瓜菜、白苞蒿、翅果菊、泽兰、一点红、野茼蒿等；其二，是蓼科（尤其是蓼属）野花，其种类也很多，如戟叶蓼、刺蓼、愉悦蓼、金线草、何首乌等。

说起常见的野生秋菊，恐怕非三脉紫菀莫属，山路边随处可见。三脉紫菀花朵的中间是管状花，有的是黄色，有的偏紫红；而周边的舌状花绝大多数呈白色或白中带很浅的紫色。相对而言，陀螺紫菀要略少见一些。

三脉紫菀

陀螺紫菀

如何区分上述两种紫菀呢？首先，看花的大小，三脉紫菀的花的直径只有一角钱硬币大小，而陀螺紫菀的花比一元钱硬币还要大；其次，从花色来看，陀螺紫菀的管状花的颜色跟三脉紫菀差不多，通常为黄色或红褐色，而舌状花较少为纯白色，而以紫色成分偏多。

不过，柴桥境内最有特色的野菊并非上述两种紫菀，而是大吴风草。野生的大吴风草主要分布在靠近海滨的地区，目前在宁波城市绿地中也有广泛种植。而在瑞岩景区周边，大吴风草可谓比比皆是。其盛花期在深秋，花葶粗而长，略具弧度，顶端是艳丽的花朵，整体造型颇为婀娜；叶子贴近地面，硕大而圆，故大吴风草还有一个俗名，叫作"山荷叶"。

大吴风草

黄瓜菜

跟野菊一样，秋天也是各种蓼花大量开放的时候，它们通常喜欢生长在沟边、溪畔等比较湿润的地带。10月，在瑞岩景区外围的山路边，开得最有气势的当属戟叶蓼和愉悦蓼。它们都是成片开放，密集的小花或红或白或粉，特别好看。别看蓼花不起眼，自古以来也常被诗人所吟咏呢。如宋代著名诗人陆游就写过：

忽然来到柳桥下，露湿蓼花红一溪。(《秋日杂咏》)
老作渔翁犹喜事，数枝红蓼醉清秋。(《蓼花》)

戟叶蓼

金线草

愉悦蓼

何首乌

　　还有一种蓼科植物，在瑞岩景区外围的山路边也特别多。这就是何首乌（蓼科何首乌属），此为多年生的藤本植物，小花非常密集，常形成白色的花瀑。

　　说完野花，最后再回到镇海棘螈。本书前文说过，棘螈最喜欢草木繁茂的森林原生态栖息环境。这些草木及与之相关的生态链（如鸟类、昆虫、蛙类等），都与棘螈的生存息息相关，因此都是棘螈的好朋友。

早春花丛中的小鸟们

在柴桥,不仅有各种杜鹃花争奇斗艳,还有大量其他花卉种植。这些有着美丽花朵的植物,或成为当地的风景,或在市场上销售……但还有一点可能是很多人所想不到的,那就是它们会吸引不少鸟类(昆虫自然是不用提了),形成另一种生态美景。这在冬末春初的时候尤其明显。

二三月间,大地还比较萧瑟,鸟类食物缺乏,此时集中绽放的花朵,往往会为小鸟们"创造"大量觅食机会。多数鸟儿是来吃花蜜或直接啄食花瓣,但也有鸟儿"别有所图",总之十分有趣,有很多故事可以讲。

花中最常见:绣眼

那么,哪一种鸟在花丛中出现的概率最高呢?据我多年的观察经验,这第一名恐怕非暗绿绣眼鸟(简称"绣眼")莫属。

绣眼是宁波的留鸟,即一年四季都在,不迁徙;且无论在城市还是乡野,都比较常见。绣眼很小,只有麻雀的三分之二那么大,这黄绿色的小不点具有显著的白眼眶,怎么看都是透着机灵的可爱小鸟。

2024年3月中旬,柴桥的朋友告诉我,在河头村,梅花开得正好,很值得一看。当时我有点吃惊,因为梅花的花期照理已经过去了,现在怎

暗绿绣眼鸟与美人梅

还会在河头村盛开?

眼见为实。我还真去河头村看了,果然在田野边的一条乡村公路两旁,沿线几百米都种着一种小乔木,树上开满了粉色的花,真可谓繁花锦簇,灿如云霞。远看时,我第一感觉那是樱花;走近细瞧,则发现显然不是樱花,可也不是桃花、李花或梅花。事后查了一下,方知这是美人梅。它属于园艺杂交种,由梅花与紫叶李杂交而成,虽说是"四不像",但花的观赏效果还是非常好的。

时值清晨,太阳刚从东边的小山背后升上来,阳光照在繁密、娇嫩的花朵上,这些美人梅越发显得粉妆玉琢,妩媚动人。忽闻一阵阵细碎的鸟叫声从不远处传来,很快便看见很多绣眼飞入花丛。它们"嗞,嗞"地轻声叫着,呼朋引伴,从这棵树到那棵树,载飞载鸣,尽情享受花蜜的盛宴,忙得不亦乐乎。

我赶紧举起长焦镜头,但一时间竟不知拍哪只鸟才好,因为身边的几棵树上全是鸟!

绣眼有着纤细而略弯的喙,它们在枝上站定后,便把嘴探入花朵中,贪婪地吮吸着甜美的花蜜,随即又换一朵花继续吃花蜜。而且,仗着灵巧的身体,绣眼吃花蜜的动作还特别花哨:它们有时会"倒挂金钩",将嘴探

暗绿绣眼鸟吸食美人梅的花蜜

入悬挂在枝条下的花朵中吸蜜；有时甚至会在空中高速振翅悬停，以找好"下嘴"角度，迅速品尝美味。

有趣的是，回家后，在电脑上放大照片细看方知，有的绣眼不仅在吃花蜜，有时也会顺便捕食躲在花蕊中的小虫。只不过鸟儿捕食的速度极快，而且虫子又非常小，因此这在现场凭肉眼是完全看不清的。

花中最美鸟：叉尾太阳鸟

在柴桥，我还见到过一种跟绣眼一样微小，但非常漂亮的小鸟，它们也非常喜欢吸食花蜜。那就是叉尾太阳鸟。

叉尾太阳鸟，是一种属于花蜜鸟科（也叫太阳鸟科）的小型鸟类。其雄鸟拥有金属绿的顶冠羽与绛紫色的喉部，色彩极为艳丽；雌鸟全身以绿色为主，稍带黄色。

按照早年的资料，叉尾太阳鸟原本分布在浙南以南的地方，在宁波是没有的。但近些年，这种小鸟的北扩趋势真的很明显，据说连江苏都已经有了记录。宁波最初发现叉尾太阳鸟，我印象中是在2015年前后。那时，鸟友们在12月的四明山中，居然看到它们在啄食残存在枝头的吊红（柿子的一种）。后来，在早春山茶花盛开的时候，我们也见到过叉尾太阳鸟在吃花蜜。它们像蜂鸟一样，具有高超的振翅悬停技巧，然后将细而弯的嘴探入花中，吸食甜美的花蜜。

2024年3月中下旬，我多次去瑞岩景区附近的山区公路行走，路边不时可以见到盛开的红山茶。有一次，我听到从山茶树中传来几声单音节的鸟叫声，有点类似于"局，局"，音调尖锐、上扬，很有金属质感。当时我想，这不是叉尾太阳鸟的叫声吗？可原地等了好一会儿，就是不见它现身。

几天后，我又去那一带探访，再次在路边听到了这熟悉的叫声。这回

叉尾太阳鸟(雄)

叉尾太阳鸟(雄)

运气不错，只稍微等了一会儿，就见到一只有着细长且分叉的尾羽的小小鸟跳了出来，先停在一根枯枝上，然后便飞进一旁的红山茶的花丛中。正如我所料，那是一只叉尾太阳鸟的雄鸟。但见它用脚攀住一丛红花，然后就探头进入花丛，开始吸取花蜜。

应该说，这是一个非常好的拍摄机会。但令我哭笑不得的是，当时我没有带长焦镜头，手里只有一支微距镜头！因此没法抓拍特写，只能勉强记录一下。

后来，在宁波其他地方，我拍到了叉尾太阳鸟在盛开的樱花上吃花蜜的照片，也算是一种安慰。

花中最贪吃：各种鹎

相对于以吃花蜜为主的绣眼与太阳鸟，白头鹎（bēi）可就算得上是个真正的吃货了，而且这"吃相"有时候还不大好看。

白头鹎是本地最常见的鸟，在城市里的易见程度，在我看来要超过麻雀。论个子，它大约是绣眼的两倍大，嘴也厚不少；羽色以橄榄绿为主，后脑勺羽毛为白色，因此相当好认。这种鸟性情活泼，爱鸣叫，不甚惧人。

白头鹎什么都吃。早春，当柳芽新绽、玉兰花开之时，它们便成群结队，或随柳枝起伏，或占玉兰之冠，尽情啄食新叶与花瓣，有时还会把花瓣啄得乱飞。

白头鹎也吃花蜜，但没有绣眼那么常吃。北仑山中有很多栽种的樱花树，柴桥境内也不例外。早樱盛开的时候，多只白头鹎常占据一株樱花树，它们站定在枝头，俯身、探头，把舌头伸入花朵深处，尽情吮吸那蜜甜的汁水。现场"啾啾"的鸣叫声不绝于耳，显然十分快乐。

宁波常见的鹎类有5种，除白头鹎外，还有黑短脚鹎、领雀嘴鹎、绿翅

白头鹎在啄食了玉兰花之后放声歌唱

白头鹎吸食樱花的花蜜

棘蜥和它的朋友们

黑短脚鹎

绿翅短脚鹎吃红山茶花蜜

栗背短脚鹎

短脚鹎与栗背短脚鹎。后4种鹎，主要生活在山区，在瑞岩景区也很常见。除领雀嘴鹎我未曾见过其吃花蜜外，其余3种均爱吃花蜜。

2024年2月底，在离瑞岩景区大门不远的公路边，我见到路边几株花繁叶茂的红山茶上有不少小鸟。走近细看，发现它们中绝大部分是绣眼，其中有一只是绿翅短脚鹎。但见这只绿翅短脚鹎先是站在一根枯枝上观望，之后猛地下扑，双脚抓住花苞下的细枝，然后奋力扑腾着翅膀，尽力让自己保持平衡；与此同时，它将嘴探入花苞内——是的，我没有说错，它没有选择一朵盛开的花，而是选了一个花苞——开始吸蜜，几秒钟后便迅速飞离。

显然，鸟儿爱吃花蜜，这种行为是花儿们所欢迎的。因为，小鸟在这过程中弄得满嘴花粉，无意间便高效地帮助植物完成了异花授粉。

"别有用心"的鸟儿：山雀与伯劳

除了上述爱吃花蜜的鸟，还有一些并不以花蜜为食的鸟儿也活跃在花丛中。显然，它们是"别有用心"的。

跟暗绿绣眼鸟差不多大的红头长尾山雀，也常结伙出现在梅花或樱花丛中。这种小小鸟的头部由棕红、黑色、白色3种色块构成，像是浓墨重彩画上去的京剧脸谱。最有趣的，是它那小小的眼睛，黑眼珠外面有一圈白框，因此从正面看它，总觉得它的小眼神很迷茫。

红头长尾山雀异常好动，总是快捷无伦地在枝叶间飘飞，一起乱哄哄地从这棵树飞到那棵树。在花丛中，这些小家伙攀住枝条，东张西望，显然是在寻找食物，然后会低头啄几口，不知道是在吃小虫还是别的东西，具体看不清。反正，我没有见到它们在吸食花蜜。

红头长尾山雀

棘螈 和 它的朋友们

棕背伯劳

棕背伯劳吃蜜蜂

最后讲一下关于棕背伯劳的趣事。宁波的伯劳有多种，最常见的就是棕背伯劳。伯劳虽然不是鹰隼类的猛禽，但也长着有弯钩的喙，善于捕食其他小动物，故有"屠夫鸟"之称。有一次，我先看到一只棕背伯劳站在梅树的顶端放声歌唱，显然心情很不错。过了一会儿，它飞到了花丛中，扭头东张西望，目露"凶光"。忽然，它迅猛地扑了出去，在我还没有看清楚的时候，它已经把猎物捕到了。我赶紧举起镜头一阵连拍，这时才发现它在吃一只原本在采花的蜜蜂！

河头村的翩翩彩蝶

我已经记不清来过柴桥多少次进行自然探索,而蝴蝶,作为与环境尤其是植物关系极为密切的昆虫,当然也是我重点关注的对象之一。短短一年间,我在柴桥境内见到了好几十种蝴蝶,而有趣的是,几件与蝴蝶有关的令我印象深刻的事,居然都发生在河头村。

这真的只是巧合吗?

可以说是巧合,也可以说是必然。究其原因:一则,河头村本身自然条件优越,山水俱佳;二则,河头村乃是柴桥花卉种植的重要基地,一年到头,都有各种花儿盛开,这自然对"恋花"的蝴蝶很有吸引力。

花田里的彩蝶们

人间最美四月天,此时气温宜人,野花盛开,蝴蝶也明显增多了。不过,行走在野外,多数时候,我见到的蝴蝶数量是零星的,最多三两成群,较少见到扎堆出现的情形。幸运的是,2024年4月中旬,在河头村的一小块农田里,我竟见到了9种蝴蝶,其中包括5种凤蝶。

那天下午,我路过河头村村后的山脚,在溪流边见到两块很小的菜花田,一块田里开的是金黄色的油菜花;另一块田里,远看是开白色花,走近了才看到其白色花瓣的顶端呈晕染状的淡紫色。原来，这是萝卜的花。萝卜与油菜均为十字花科植物，花形几乎一样。

两块田里都有蝴蝶在翩翩飞舞，而萝卜花吸引的蝴蝶数量明显多于油菜花，巴掌大一块地方的上空，居然有几十只蝴蝶在阳光下飞舞，令人目不暇接。

我很快注意到，其中有一种蝴蝶，应该是自己以前没有拍到过的。这种蝴蝶为黑褐色，比菜粉蝶大不少，无尾突，后翅的内角边缘有一对明显的黄斑。当时我就有点糊涂了，因为它既有点像粉蝶，又有点像凤蝶，但又都不像。后来，请教了朋友李超，方知这是小黑斑凤蝶，它是一种没有尾突的凤蝶。宁波的凤蝶目前已知有26种，绝大多数是有尾突的。小黑斑凤蝶是一种典型的春蝶，一年只发生（这里指蝴蝶幼虫经蛹羽化为成虫）一代，故成虫只有春天可见。

在那里，我还看到了另外4种凤蝶，它们分别是青凤蝶、宽带青凤蝶、碧凤蝶和柑橘凤蝶。

青凤蝶是一种很常见的蝴蝶，它也没有尾突，前后翅的中央有一列连贯的蓝绿色斑块，特征十分明显。

宽带青凤蝶可就比青凤蝶少见得多了。相较于后者，彼此的区别还是比较明显的：前者有修长的尾突，且翅膀上的那条青斑带明显比后者要宽。

碧凤蝶是常见的大型凤蝶。这种蝴蝶远看并不起眼，就是一只大黑蝴蝶；但近距离观看，特别是在阳光下观察，就会注意到其全身闪烁着亮丽金属光泽。原来，其双翅底色为黑色，翅面遍布绿色、蓝色亮鳞，就像无数的小星星缀满了幽黑天幕；而后翅近外缘处有红色的新月状斑纹，也很引人注目。

在现场，柑橘凤蝶特别多。有趣的是，其他几种蝴蝶，都是各自访花吸蜜，唯独柑橘凤蝶时常发生追逐求偶现象，有时是两只伴飞，有时甚至是四五只纠缠在一起，一会儿在花丛中穿梭，一会儿又一起飞向空中，十分热闹。

小黑斑凤蝶访杜鹃花

小黑斑凤蝶

青凤蝶

宽带青凤蝶

碧凤蝶访杜鹃花

柑橘凤蝶在互相追逐

大红蛱蝶

半黄绿弄蝶

除了上述5种凤蝶，那天我所见到的另外4种蝴蝶分别是菜粉蝶、大红蛱蝶、直纹稻弄蝶、半黄绿弄蝶。其中，半黄绿弄蝶是一种相对少见的蝴蝶。就像直纹稻弄蝶一样，多数弄蝶的颜色为褐色、暗黄之类，很不起眼；而半黄绿弄蝶不一样，其两翅反面为绿色，后翅的臀角有醒目的橙色斑纹，相当艳丽。

偶遇枯叶蛱蝶

自从那天在萝卜花田里遇到那么多蝴蝶，我就格外关注河头村的后山那一带。几天后，我又去拍野花与昆虫，没想到有更大的惊喜等着我。

当时，我沿着溪流边的小路边走边观察，发现这地方的生态非常好，流水淙淙，森林繁茂，人迹罕至。可惜，没走多远，小路就消失了，前方大树参天，灌木丛生，根本没法前行。无奈，我只好原路返回，在即将回到山脚的大路时，看到溪流对岸有小块的田地，田里是村民种植的杜鹃花，红红白白，开得热闹。于是，我涉溪而过，来到了杜鹃花丛中，果然不出所料，有不少蝴蝶在飞舞，它们都在忙着访花吸蜜。

大致看了一下，眼前的蝴蝶有碧凤蝶、小黑斑凤蝶、黄钩蛱蝶、青凤蝶等四五种。有时，为了捍卫食物与领地，它们之间还会互相驱赶，从花丛中一直缠斗到空中。我第一次注意到，为了吃到更多的花蜜，小黑斑凤蝶竟然会使劲往花心处钻，弄得黑色的身体上满是浅黄的花粉，像是挂了彩一般。

忽然，我看到一只背部有着明显的黄、蓝色块的大蝴蝶翩然飞过，它并不访花，在空中兜了一圈后就落了下来，停歇在杜鹃的绿叶上，前后翅都呈平展状态。啊，我不禁低呼了一声，这不正是自己心心念念了好多年想要见到的枯叶蛱蝶吗？抑制住激动的心情，我举起镜头悄悄走近，对准它按下了快门。

稍后，它起飞了。我紧盯着它，但见它又落到了溪边小树的枝叶上。后来，它又变换过位置，但其落点都是在枝叶的末梢，头部所对的区域比较开阔。每次刚停下来时，它的翅膀都是呈平展状态，给人以兽类伏低身

枯叶蛱蝶

子后蓄势欲扑的样子。偶尔，它会扇动几下翅膀，露出翅膀的反面。此时，"枯叶蝶"的模样就显露出来了：组合在一起的前后翅宛若一枚褐黄色的落叶，不仅叶柄、叶脉一应俱全，就连叶面上的霉斑、虫洞都惟妙惟肖。

说起"枯叶蝶"，哪怕不是昆虫爱好者，估计也有不少人听说过，因为这种蝴蝶实在是非常有名。不过，可能大家不知道的是，翅膀的轮廓、斑纹看起来像枯叶的蝴蝶实际上有不少，光在宁波就起码有10种左右。而在这些蝴蝶中，真正被命名为"枯叶蝶"的在本地只有一种，即枯叶蛱蝶。这种蝴蝶在中国南方有广泛分布，不过在宁波却并不常见，连记录、研究宁波蝴蝶30多年的林海伦老师，也是在前几年才第一次见到。那是在2019年3月底，林老师在奉化莼湖镇的山谷里考察时，偶尔见到了一只枯叶蛱蝶，并说它"把守在蝶道口"。

而这次我在河头村遇见枯叶蛱蝶，觉得它的行为确实很像"把守"。为了验证这一点，次日我又去了一趟河头村后山。那天，只等了一会儿，就看到一只枯叶蛱蝶飞了出来，跟上次一样停在枝叶末梢。稍后，一只碧凤蝶飞了过来，掠过溪谷上空。果然不出所料，那只枯叶蛱蝶顿时腾空而起，像战斗机一样直接扑向比自己要大一号的碧凤蝶，把后者打得落荒而逃。

我在那里站了约半小时，发现这只枯叶蛱蝶有时会变换一下停歇的位置，但不管在哪里，只要有其他蝴蝶经过附近，它一定会起飞驱逐，牢牢守住自己的领地，寸步不让。后来，令人惊喜的是，我还看到它与另外一只枯叶蛱蝶在空中纠缠在一起。不过，我就不能判断它是在驱赶对方呢，还是在求偶了。

蝴蝶吸水：解口渴更解体渴

2024年9月初，我又去河头村，本来是想找石蒜科的野花，但未果。

后来，在走过村中的溪流时，忽然见到很多蝴蝶飞了起来，让人眼花缭乱。原来，它们原本在拦水坝的下方吸水，结果被路过的我无意中惊飞了。

定睛细看，发现这些蝴蝶全是凤蝶，以碧凤蝶与青凤蝶居多，另外还有一只玉带凤蝶，它们均是本地常见凤蝶。按照以往经验，我知道它们过一会儿还是会落下来吸水的。于是我悄悄走到溪流中，在一块石头上坐下，举起镜头，安静等待。

碧凤蝶吸水

青凤蝶吸水

由于2024年夏天持续高温少雨，溪中水很浅。近岸边的溪流底部石头上，由于有来自拦水坝的渗水才变得湿漉漉的。而这样的湿润溪石，正是很多蝴蝶的所爱。因为，这些来自石缝或土壤的渗水，往往富含矿物质。看来，蝴蝶喝水也很注重"解口渴更要解体渴"啊。

果然不出我所料，几分钟之后，蝴蝶们就忘记了我的存在，纷纷飞下来，停在拦水坝下方，尽情地吮吸水分。我注意到，碧凤蝶在吸水的时候，翅膀总是在快速扇动；而青凤蝶吸水时，其翅膀很少扇动——除非要短距离飞一下。稍稍遗憾的是，那只玉带凤蝶很快飞走了，没有停下来吸水。

那天，虽然天气很热，我只拍了一会儿就已汗流浃背，但我还是很享受这种独坐溪畔观赏蝴蝶的感觉。

顺便说一下，以前，我还曾在北仑山中拍到过二尾蛱蝶、忘忧尾蛱蝶、白斑眼蝶等蝴蝶吸食液体的场景。这些蝴蝶都挺漂亮，但都是属于偏"重口味"的蝶类。它们会吸食汗水，也钟爱腐烂的植物果实，甚至会在路面的动物尸体以及便便上吮吸，有的画面简直不忍直视。

忘忧尾蛱蝶

在人类看来，蝴蝶吸食粪便的行为是要被形容为"嗜痂之癖"或"逐臭之夫"的。这两个成语都是贬义，当然并不适合拿来形容蝴蝶——因为，对于它们来说，这只是天赋的习性，一切都是自然而然的，没什么好指摘的。

不论在明媚的春光里，还是在炎炎夏日，能遇见那么多美丽的蝴蝶，都是一件乐事。最后，和大家分享宋代潘葛民《蝴蝶花》一诗，其诗云：

"风光白日长，蝴蝶飞过墙。飞飞不停去何忙，墙外谁家菜花黄。出门不知南陌路，心随蝴蝶寻郎处。"

认识多一点

北仑柴桥的蝴蝶

由于蝴蝶种类繁多，在一篇文章中根本不可能把它们都介绍完，因此这里再以图片的形式，为大家展示一下我在北仑柴桥见过的蝴蝶。

白斑眼蝶

布莱荫眼蝶

拟稻眉眼蝶

连纹黛眼蝶

曲纹黛眼蝶

二尾蛱蝶

素饰蛱蝶

斐豹蛱蝶（雌）

斐豹蛱蝶（雄）

棘蛱和它的朋友们

黄钩蛱蝶（背面）

黄钩蛱蝶（低温型，腹面）

琉璃蛱蝶（背面）

琉璃蛱蝶（腹面）

美眼蛱蝶（背面）

美眼蛱蝶（低温型，腹面）

青豹蛱蝶（雌）

青豹蛱蝶（雄）

娑环蛱蝶（交尾）

朴喙蝶（背面）

朴喙蝶（腹面）

菜粉蝶

红灰蝶

尖翅银灰蝶

玛灰蝶

曲纹袖弄蝶

黑弄蝶

直纹稻弄蝶

玉带凤蝶（雌）

玉带凤蝶（雄）

丝带凤蝶（雄）

蓝凤蝶

苎麻珍蝶

溪流中的"小娃娃鱼"

我们知道，大鲵的俗称叫作"娃娃鱼"，其体长可达80厘米左右，是世界上现存最大的两栖动物；而外形与之相似的蝾螈、小鲵却要小很多，它们的体长通常为几厘米到十几厘米不等，很少超过20厘米。因此，很多人把它们称为"小娃娃鱼"。

除镇海棘螈外，在宁波野外有分布的"小娃娃鱼"目前所知有4种，即中国瘰螈、东方蝾螈、秉志肥螈与义乌小鲵，它们都不常见。据我了解，在镇海棘螈的分布区域内，上述4种中至少有3种也都同时有分布，只有中国瘰螈暂未确认。这里，就以义乌小鲵和秉志肥螈为重点，为大家介绍一下镇海棘螈的"近亲"们。

义乌小鲵：与棘螈同处溪沟

镇海棘螈，为宁波特有种，属于国家一级重点保护野生动物；义乌小鲵，则是浙江特有种，属于国家二级重点保护野生动物。而在北仑柴桥，这两种极具地方特色的稀有两栖动物，居然会在同一个地方出现，这实在是令人称奇。

早在2015年12月，我跟随两栖爬行动物专家王聿凡等人，就在义乌

义乌小鲵

义乌小鲵

小鲵的最早发现地，即金华义乌的一个山区水塘里，见到了它们。当时，正是义乌小鲵的繁殖季，成年的小鲵从陆地进入水塘，开始产卵。为了观察方便，我们把水中的小鲵临时捞了上来，拍完后随即放生。我看到，义乌小鲵的成体体长超过10厘米，在阳光下身体呈黄褐色，皮肤光滑，体表密布灰白的细碎花纹，同时体侧具有明显的肋沟。

之后很长时间，我一直认为义乌小鲵的繁殖场所是山区水塘，而不是溪流。而在2024年春天，当我得知在柴桥山区的溪沟里也有义乌小鲵的时候，还非常吃惊，以为那是不大可能的事。

2024年5月下旬，我到柴桥山中夜探，忽然看到不远处有人拿着手电，也在溪边查看。当时我想，莫不是遇到了夜拍爱好者？走近一看，没想到是我认识的朋友——同为自然爱好者的胡松林老师，与其同行的还有他的妻子。那天晚上，他身穿宁波市野生动物保护协会的马甲，和妻子一起在那一带巡查。松林说，他经常和爱人一起来这里巡查，怕不法分子来此盗猎。

跟着松林，我踏入溪沟。由于较长时间没有下大雨，溪中水流不急。在松林的指点下，我很快在水流很缓的地方发现了义乌小鲵的幼体。这些小家伙体长只有3—4厘米，头部有丝羽状的外鳃（跟棘螈一样，是它们的呼吸器官），身上有很多黑褐色的苔藓状斑纹。这种斑纹与溪中石头、水中落叶的纹路十分相似，因此具有较好的隐身效果。松林说，再稍微过段时间，大部分小鲵幼体就会上岸，以后就在陆地上生活。

是的，义乌小鲵的习性就是这样，上岸之后，它们活动于森林中疏松的泥土中，或潮湿的石块及落叶层之下，故很少在地表见到它们。倒是偶有新闻报道，说农民在翻垦土地时，居然一锄头下去挖出了一条"四脚怪鱼"，经专家鉴定后方知是义乌小鲵。要到秋冬繁殖季节，成年的小鲵才会再次入水，进行交配、产卵。而镇海棘螈的习性与之不同，棘螈的幼体（或者说亚成体）一旦上岸，就永远不会再主动入水。

松林还告诉我，就在这条溪沟中，他还见到过出来觅食的镇海棘螈。有趣的是，镇海棘螈与义乌小鲵"同地栖息"，最早的发现记录可以追溯到20世纪80年代。1985年，浙江自然博物馆的专家蔡春抹（注：正是蔡春抹等人于1978年在柴桥再次发现了镇海棘螈）将在义乌发现的小鲵定名为"义乌小鲵"。1987年，专家在柴桥也发现了义乌小鲵。据我实地观察，跟棘螈一样，柴桥山中的义乌小鲵分布区域也非常狭窄，得加强对栖息地的保护。

义乌小鲵幼体

义乌小鲵幼体，头部可见明显外鳃

义乌小鲵幼体（后足特写）

进入水中产卵的义乌小鲵（胡松林/摄）

义乌小鲵的卵（胡松林/摄）

秉志肥螈：遇见率最高的"小娃娃鱼"

作为浙江特有种，义乌小鲵仅分布在浙江少数地区。而在宁波境内，据我所知，目前已知的分布点只有两处，除了北仑柴桥，另外一个地方就是象山县涂茨镇的海边，后面一个分布点是由宁波著名博物学家林海伦老师于2019年1月偶然发现的。

相对而言，秉志肥螈则在浙江全省广为分布，在宁波各地山区均有可能见到。因此，较之于镇海棘螈、义乌小鲵，秉志肥螈的野外遇见率要高太多了。我个人在柴桥的山里没有见过秉志肥螈，不过在其他有棘螈分布的山里见过多次。

秉志肥螈，为蝾螈科肥螈属的两栖动物，是为了纪念秉志先生而命名的。秉志（1886—1965）是著名动物学家，中国近现代生物学的主要奠基人。

秉志肥螈属于浙江省重点保护野生动物，其全长可达16厘米左右，皮肤光滑，腹部有橘红色的斑点，宽大的尾部也具有橘红色的边缘。可以说，秉志肥螈是宁波的"小娃娃鱼"中个子最大、颜值最高的一种。

多年前，我就见到过秉志肥螈。它们喜欢栖息在水流平缓、底部多砾石的清澈溪流中，白天常隐伏在水底或躲在石下休息，晚上比较活跃，在水底缓慢爬行觅食，主要捕食水生昆虫、小鱼小虾等小动物。

通常，在某段有秉志肥螈分布的溪流中，一次性只能见到两三条。不过，2024年7月的一个夜晚，我在一条溪流中发现二三十条秉志肥螈，数量之多，是我个人所见的最高纪录。这可能是因为2024年夏天宁波持续高温少雨，很多溪流的水量不足，只有那些溪潭中尚有较多的水，因此使得秉志肥螈聚集在一起。

那天，我带着可在水下使用的小相机与手电。我把手电放到水下作为光源，然后用相机抓拍秉志肥螈。起初，在我入水拍摄的时候，它们还会退避一下。不久之后，它们就适应了我的存在，开始自由自在地活动，还不时浮到水面上冒个泡，换口气之后把尾巴一甩，就又潜到水下了。

那天运气很好，我还发现了以前从未见过的秉志肥螈的幼体。这些小家伙呈黑褐色，体长只有两三厘米，在水底的石头表面上活动，它们的头部也具有丝羽状的外鳃。

秉志肥螈

秉志肥螈

秉志肥螈幼体

辣螈和它的朋友们

秉志肥螈游到了水下相机上

后来，最有趣的一幕发生了。当时，我正把手伸到水下拍照，有一条秉志肥螈居然大大咧咧地游了过来，先是趴在我的手上，然后干脆趴在了相机上，探头探脑，好像是在看我如何拍摄它的同类。这真的是非常奇妙的体验！

最后说一下，各种"小娃娃鱼"对栖息地的水质要求很高，因此它们都可以作为水质和环境质量监测的指示动物，同时在科研等方面都具有很高的价值，理应得到好好保护。但是，我以前到外面旅行的时候，曾在不少地方（主要是山区的旅游景点）见到有人抓了蝾螈来卖，也有人将它们当作宠物饲养。殊不知，国内的野生"小娃娃鱼"是受法律保护的动物，擅自捕捉、饲养、买卖均可能触犯法律。因此，如果我们有幸在野外与它们相遇，那么只要观赏、拍照即可，就让它们自在地生活在大自然中吧！

认识多一点

中国瘰螈与东方蝾螈

除大鲵在宁波未见野生分布外,中国瘰螈与东方蝾螈在本地分布挺广的。据《北仑区陆域生物多样性本底调查报告》载,东方蝾螈在北仑境内是确认有分布的。至于中国瘰螈,虽然没有被列入上述报告中的两栖爬行动物名录,但不排除今后在北仑发现的可能性。因此这里也为大家简单介绍一下。

中国瘰螈,俗称"水壁虎",属于国家二级重点保护野生动物,其模式标本产地也是在宁波(模式标本产地,也叫模式产地,是指在对某物种进行科学定名的时候,所采用的原始标本的出产地)。它背部为褐色,体长最大可达15厘米左右,皮肤非常粗糙,背部中央有暗红色的纵棱,腹部有橘红色或黄色斑块。总之,它看上去颇像微型鳄鱼。

中国瘰螈喜欢栖息于平缓的山区溪流中,对水质要求较高,常隐蔽在水底的石块间与腐枝烂叶下,阴雨天气会上岸在草丛中捕食蚯蚓、昆虫等。它们在浙江、安徽、福建等地均有分布,但近年来由于水质污染、生态环境破坏、人为捕捉等原因,分布区域趋于缩减,种群数量下降。

中国瘰螈

棘螈和它的朋友们

有趣的是，就在2013年5月，《宁波晚报》报道了新发现镇海棘螈的事情后，没过两天，就有读者来报料，说有人在奉化尚田镇山区的山塘夜钓时发现一种很像镇海棘螈的动物。我赶紧去奉化看了，原来那是一条中国瘰螈。

东方蝾螈则是小个子，体长通常只有六七厘米，最长也不超过10厘米。其背部皮肤黑色，腹部则为显眼的橘红色并有黑斑。我的朋友姚晔拍到一种体色独特的东方蝾螈，其体表灰棕色，多黑斑，一开始猜测这有可能是一种未曾发表过的新物种，但后来研究证明它还是东方蝾螈。

东方蝾螈的幼体，具有外鳃

东方蝾螈（姚晔/摄）

"早婚"的林蛙

说来有趣,目前已知在宁波有分布的两栖动物总共30种,而这其中倒是有3种的名字跟宁波有关,即镇海林蛙、北仑姬蛙和镇海棘螈。它们中分布最广、最常见的,当属镇海林蛙。

同时,镇海林蛙也是我被大家问到最多的蛙类。经常,在深秋时节,去爬山的朋友在山路边见到一种蛙,觉得奇怪:怎么天气这么冷了,还有蛙在外面活蹦乱跳的?于是就拍了照片发给我,问这是什么蛙。绝大多数情况下,不看图片我就知道那便是镇海林蛙。

林蛙家族中的许多成员都具有很强的耐低温能力,镇海林蛙也不例外,它们选择在冬末春初就开始繁殖,比宁波本地的其他蛙类明显要早。十几年前,我就拍到过镇海林蛙,但直到2024年,我才有幸在柴桥观察到了镇海林蛙繁殖、成长的完整过程。

镇海林蛙原被称作"日本林蛙"

可能有人会问:前面提到的3种两栖动物,为什么要以宁波的地名来命名呢?那是因为,它们的模式标本产地来自镇海或北仑(这里得说明的是,早年的镇海县所辖的区域就包括了现在的镇海区与北仑区)。就像前

棘螈和它的朋友们

文说过的那样，拿镇海棘螈来说，1932年，第一次发现该物种的地方为镇海县城湾村（现属北仑区）；后来，20世纪70年代末，专家在镇海县瑞岩寺（现属北仑区）附近再次发现该物种，故将其定名为镇海棘螈。

而镇海林蛙的情况要稍微复杂一点。早年，这种林蛙一直被归为"日本林蛙"。直到1995年，经科学家深入研究，发现产于宁波等地的所谓日本林蛙，实际上与产于日本的日本林蛙有较大差异，故依据早年产于镇海县的标本，将其改订为独立种，即镇海林蛙。

镇海林蛙为中国特有种，广泛分布于我国东南部各省区，主要栖息于山林中，在宁波中心城区也偶有发现。这是一种中等大小的蛙类，体长4—5厘米，背部两侧具有细细的侧褶线（所谓"侧褶"，是指有的蛙类背部两侧的皮肤隆起，形似皱褶）；不同个体的背部体色变化较大，棕褐、灰褐、棕红等皆有。

跟本地其他蛙类非常不同的是，镇海林蛙可以说是一种不用冬眠（如果有，应该也很短）的蛙类。当别的蛙正在冬眠的时候，它们却正活跃，纷纷出来求偶。镇海林蛙的繁殖期较长，且因地而异；而据我多年观察，在宁波，镇海林蛙的产卵期主要是在2—3月。在天冷的时候进行繁殖，好处是显然的：一、那时蛙类的主要天敌蛇类多数尚在冬眠；二、早早出来的蝌蚪可与其他蛙类的蝌蚪实现"错时竞争"。

不过，说来惭愧，虽然我从2012年就开始独立调查、拍摄宁波的两栖爬行动物，但对于镇海林蛙，多年以来一直只拍到过个体，从未亲眼见过其繁殖行为。我也曾经在冬末春初有意关注过可能成为镇海林蛙繁殖场所的山区小水塘，但往往只见到卵群，或者是小蝌蚪——也就是说，我来得太晚了。

正月里的"抢亲记"

直到2024年春节假期,这个令人尴尬的"僵局"终于被打破了。

2024年2月14日,大年初五,天气晴朗温暖。我和女儿一起来到瑞岩景区附近进行自然观察。此前一天的傍晚,我独自来这里,在山脚的池塘边已见到中华蟾蜍抱对(蛙与蟾通常通过雌雄抱对、体外受精的方式进行繁殖)行为,因此想再来看看。

我们来到其中一个池塘的旁边,马上听到了热闹的蛙类群鸣声。先是看到在水面上有四五只中华蟾蜍抱成一团,它们在抢夺处于中央的雌蟾。不过,阵阵鸣叫声显然不是从它们那里发出来的。

于是,我们沿着长满灌木的水塘边缘,边走边寻找蛙鸣的来源。忽听女儿说:"下面有很多镇海林蛙!"我过去低头一看,果然,就在近岸处的水中,在不到一平方米的地方,竟聚集了十几只镇海林蛙,鸣叫声正是从它们那里发出来的:"咕叽咕叽咕叽……"低沉嘈杂,持续不断。

镇海林蛙抱对

镇海林蛙雄蛙在争夺雌蛙

池塘中,有大量镇海林蛙在抱对,仿佛是在举行"集体婚礼"

这是我第一次见到大量镇海林蛙聚集在水中，也是第一次听到镇海林蛙的鸣叫声。跟中华蟾蜍一样，镇海林蛙是没有声囊（相当于放大蛙鸣声的"扩音器"）的，平时并不出声；就算有单个的雄蛙发出鸣叫声，其声音也十分微弱，不大会引起注意。而这次，有成群雄蛙在一起鸣叫，故声音比较响亮。

我们蹲下来仔细观察，果然不出所料，过了一会儿，就见到了四五只雄蛙蜂拥而上，只为争夺一只雌蛙的场景。它们把雌蛙围在正中央，互相追逐，大打出手。已经抱住雌蛙的那只雄蛙自然不肯轻易放手，只要有其他雄蛙靠近，它便飞起一腿，狠狠踹在竞争者的头部，要将对方赶走。雄蛙们边打边叫，好像是在为各自施展"拳脚功夫"呐喊助威。现场水花四溅，"战况"十分激烈。

之后，我们往前走了两三百米，很快又见到了一个小池塘。这个水塘里有不少水草，草上全是镇海林蛙，足有百把只。不用说，这里的"咕叽咕叽"之声更为热闹。不过，与前一个池塘雌少雄多不同的是，这个池塘中蛙蛙的"男女比例"还不算过于失衡。我们看到，好多雄蛙都各自抱着一只雌蛙，因此现场没有出现火爆的打斗场面。

在这个池塘中，水草间有很多呈团状的镇海林蛙的卵。看来这个时节正是镇海林蛙的繁殖高峰期。同时，我还注意到一个细节：现场的所有雌蛙都是棕红色的；而雄蛙的体色没有这么鲜艳，以灰褐色的居多。我在网上看到有人说，在繁殖期，镇海林蛙雌蛙的体色会明显变红；等过了繁殖期，其体色会慢慢变淡，逐渐接近于雄蛙的体色。

早早上岸的幼蛙

接下来一段时间，我也多次去瑞岩景区附近的山区池塘观察，但再也

棘螈和它的朋友们

镇海林蛙的卵

镇海林蛙蝌蚪（中央个子较大的那只）

不曾见到镇海林蛙聚集繁殖的场面。

到了3月，在那些水塘中，我见到了大量镇海林蛙的蝌蚪。这些蝌蚪处在不同的发育阶段，多数为孵化出来不久的小蝌蚪；也有少数为"大龄"蝌蚪，其个头是小蝌蚪的两倍以上，显然它们是从最早一批卵孵化出来的。

4月底与5月初，镇海林蛙的蝌蚪都已经比较硕大，好多已经长出了后肢，也有少数幼蛙已经出现。而到了5月中下旬，大批幼蛙上岸，它们的体长在1.5—2厘米之间，虽然还十分微小，但那尖尖的脑袋，却与成体一模一样。

当然，上岸之后，幼蛙们所面临的危险系数将成倍提高；尽管它们数量庞大，且早于其他本地蛙类登上陆地，但最终变为成蛙的依然只是少数。人生固然不易，"蛙生"也同样不易！

最后，顺便说一下，上述有中华蟾蜍与镇海林蛙繁殖的池塘，与镇海棘螈的野外自然繁殖地相邻，有的相距仅百米之遥。而到了春夏时节，北仑姬蛙、布氏泛树蛙等蛙类，以及豆娘等昆虫，也选择这些池塘作为繁殖场所。这些两栖动物以及昆虫，真可谓镇海棘螈最亲密的邻居和朋友。

镇海林蛙幼蛙

认识多一点

林蛙"双胞胎"

多年来,大家公认在宁波地区有分布的林蛙只有一种,即镇海林蛙。于是,这也给我造成了一种错觉,即只要在宁波见到林蛙,那么不用多想,它就是镇海林蛙,别无其他。这个错误认识直到2022年才被纠正。那年10月,我偶然看到一篇专业文章,文中提到宁波还有寒露林蛙,这让我大吃一惊。后来才知道,其实我早就拍到过寒露林蛙,只不过因为其与镇海林蛙长得高度相似,就像双胞胎一样,因此一直被我误认作是后者。寒露林蛙是中国唯一一种用节气来命名的蛙类——因为其繁殖期主要是在寒露节气前后,即10月的上中旬。所以,如果说镇海林蛙是"早婚"的蛙类,那么寒露林蛙显然就是"晚婚"的蛙类。这真的非常有趣。

就目前所知,寒露林蛙在宁波的分布与数量,没有镇海林蛙那么广、那么多。不过,根据专业调查,在北仑是确认有寒露林蛙分布的。

那么,有没有比较直观的方式,可以用来区分镇海林蛙和寒露林蛙这对"双胞胎"呢?如下经验可供大家参考:

一、镇海林蛙的背侧褶在鼓膜上方有弯曲,而寒露林蛙的背侧褶完全是细而直的一条线。

二、寒露林蛙的后肢上的深色横纹比镇海林蛙的横纹显得更细窄、整齐。

三、两者的蹼也不一样,腿长也不一样,但我觉得这一点在野外常会看不清——除非抓在手里观察。至于它们的体色区别,这完全可以忽略,因为哪怕是同一种蛙类,其体色也非常多样,故不足为凭。

最后,还是那两句话:一、纸上得来终觉浅,绝知此事要躬行;二、尽信书,则不如无书。希望我们都能以自然为师,不迷信权威,多一点怀疑精神,多实践,多思考!

镇海林蛙

眼后的鼓膜上方的背侧褶是弯曲的

后肢上的横纹显得比较宽

寒露林蛙

眼后的鼓膜上方的背侧褶呈直线

后肢上的横纹通常显得细而窄

北仑姬蛙：春雨后的"婚礼"

讲完了林蛙"双胞胎"的故事，这里就接着讲关于北仑姬蛙的故事。就像镇海林蛙早年并不叫镇海林蛙，而是被叫作日本林蛙一样，北仑姬蛙最初也不叫北仑姬蛙，而是被叫作合征姬蛙。那么，"北仑姬蛙"这个名字是怎么出现的呢？它们的繁殖习性又是如何？这个说来话长。

"冒"出来的北仑姬蛙

早先，学界普遍认为，在宁波境内分布的姬蛙共3种，即饰纹姬蛙、小弧斑姬蛙与合征姬蛙。那么，它们为什么叫"姬蛙"呢？其实，不仅在蛙类命名中有此说法，在鸟类命名中也有此现象，如白眉姬鹟（wēng）、黄眉姬鹟、鸲姬鹟等。下面，请允许我以"抠字眼"的方式介绍一下姬蛙的名字来源。

大家知道，在中国古代，宫中女官、美貌的女子，被称为"姬"。因此我想，在蛙类与鸟类的命名中使用"姬"字，估计是使用了此字的衍生义，即"小的、可爱的"的意思。比如，前述几种名为"姬鹟"的鸟，都是身体娇小、色彩鲜明的鸟儿，至于"白眉、黄眉"之类，都是对于这几种鸟各自不同特征的描述。

再回到姬蛙上来，其命名之法也是一样。宁波的3种姬蛙，正是本地蛙类中最小的一个族群，身体呈三角形，且体色跟泥土、落叶的颜色差不多，因此平时它们若躲起来不动的话，是很难被发现的；它们的体长不到3厘米，有的个体甚至不到2厘米，非常微小。其中，最小的是小弧斑姬蛙，不管雄蛙还是雌蛙，体长均只有2厘米左右，最长不超过2.5厘米，所以其名字的第一个字就是"小"；至于"弧斑"，就是"括弧状的斑纹"的意思。原来，小弧斑姬蛙的背部中央有条浅黄色的中线，中线两侧有一对黑斑（有的个体是两对），像小括号，就是两个弧形小黑斑，故而得名"小弧斑姬蛙"（也有极少数个体没有弧斑，故被人戏称为"小无斑姬蛙"）。至于饰纹姬蛙，就是指这种姬蛙的背部装饰了好看的花纹——其实也就是深色的对称斑纹而已。而所谓合征姬蛙，就是说其外表"综合了其他多种姬

小弧斑姬蛙

饰纹姬蛙

饰纹姬蛙抱对

北仑姬蛙雄蛙在鸣叫

蛙的特征"。

现在的问题是北仑姬蛙为啥此前被称为合征姬蛙？2020年，"北仑发布"等媒体就对此有过专门报道，我在这里进行简单转述。

20世纪90年代末，中国科学院成都生物研究所研究员费梁在宁波北仑地区科考时，最早发现了这种蛙类，因为其外观、习性等特征与已知的分布于其他地方的合征姬蛙酷似，当时费梁便把这种蛙归为合征姬蛙。2018年，中国科学院的科研人员对这种蛙进行分子系统学研究时发现，其与合征姬蛙模式种群的遗传分化已达到种级水平，因此属于一个新的姬蛙物种，并以它最早的发现地将其命名为北仑姬蛙。2020年，"北仑姬蛙"作为新物种被收入《中国生物物种名录2020版》。

雨后的"集体婚礼"

此前，我也曾多次见过北仑姬蛙，但都只是看到其外观或鸣叫的样子；至于它们的"婚礼"现场，还是在2024年春末头一次见。

2024年5月的一个周末，在经过连续两天的大雨之后，到傍晚天气终于转好了。我约了阿则一家三口，一起到柴桥的山里去夜拍，因为我知道，暮春的雨后，是两栖动物繁殖的好时节。果然，车子刚进入山区公路，就发现路边有很多水坑，同时传来了清脆响亮的"咯，咯"声或"啪嗒，啪嗒"声，现场可谓群蛙乱鸣，持续不绝。仔细辨别，可以听出附近有泽陆蛙、北仑姬蛙、布氏泛树蛙等多种蛙的雄蛙在鸣叫。

进山后，我们打着手电，沿着山路慢慢搜寻。那天，运气超好，阿则爸爸很快便发现了一条出来觅食的镇海棘螈（详见本书《有"螈"相遇》一文）。拍完棘螈后，我们继续寻蛙，每到一处，蛙鸣声便骤然停歇。不过，只要我们在原地不动待几分钟，蛙鸣声马上又此起彼伏了，十分嘈杂。尽

棘蝾和它的朋友们

管周围有无数北仑姬蛙在鸣叫,但起初连一只蛙都找不到。这些小家伙啊,本身极小,且保护色极好,还喜欢躲在落叶堆中或泥窝里叫,自然很难发现它们。后来,倒是在拍其他东西的时候,才偶尔看到几只刚好跳落到脚边的北仑姬蛙。

上面两图中,各有一只北仑姬蛙,你能快速找到吗?

仔细观察发现，北仑姬蛙的体纹，真的比饰纹姬蛙更加"饰纹"：其背部及四肢背面均有深褐色的花里胡哨的纹路，而且这些深色斑纹的周边还精心镶上了浅色细边。同时，在总体相似的情况下，不同个体之间的斑纹差异也很大，可以说没有两只蛙的斑纹是很接近的，这真的有点神奇。怪不得，有人把北仑姬蛙戏称为"迷彩姬蛙"，就是因为每只蛙都披着斑纹随机的"迷彩服"。这里顺便说一下，我注意到一个现象，即白天见到的北仑姬蛙的体表颜色偏白；而晚上见到的，其背部颜色明显较深，为不同程度的红褐色。

不久，小路边出现了一个由雨水形成的大水洼。我们过去一看，果然不出所料，水中有多对雌雄抱在一起的小蛙，它们是正在产卵的北仑姬蛙！水坑边的路面上，还有处在抱对状态的北仑姬蛙，它们显然也是奔着这个水坑而来的。看上去，北仑姬蛙雄蛙的个头明显小于雌蛙，约为后者的2/3那么大。

北仑姬蛙抱对

棘螈和它的朋友们

北仑姬蛙产卵的姿势极为滑稽，我以前从未见过。但见抱在一起的两只小蛙同时把头一低，扎入水下，此时雌蛙屁股一撅，便把卵排到了水中。如此重复N次，就有一堆卵漂浮在水面上了。这些卵极小，单个的直径恐怕不到1毫米；卵圆形，一头棕色，另一头为极浅的黄色。

北仑姬蛙抱对产卵

北仑姬蛙的卵

北仑姬蛙蝌蚪（水下拍摄）

那天晚上，无论是在小水塘还是临时积水坑中，我们都见到了不少正在举行"婚礼"的北仑姬蛙；至于只闻其声不见其影的，那就不计其数了。当时，我就很为那些把卵产在雨水坑中的北仑姬蛙担心。尽管它们的卵在短短几天之内就会孵化成蝌蚪，但从蝌蚪变态发育为幼蛙，需要挺长时间，因此天气如果连晴的话，水坑很快就会干涸，它们的后代就危险了。事实证明，这种担心不是多余的，一周后的夜晚，我再去那里夜拍，发现当初有北仑姬蛙产卵的临时积水坑都已干涸。

此后，我也经常去那里夜探，但再也没有遇到像上次那样的北仑姬蛙的"婚礼"盛况。事后，我查了一些资料，也对别的自然爱好者进行了访谈，了解到北仑姬蛙的繁殖期主要在春季，也就是3月底到5月中旬，尤其是雨后，是它们求偶、抱对的高峰期。在盛夏时节，只有少量个体还在求偶、抱对。

认识多一点

姬蛙：泥窝里的歌手

北仑姬蛙的雄蛙喜欢躲在落叶堆中或泥窝里鸣叫，很难发现它们。其实，另外两种姬蛙，即饰纹姬蛙与小弧斑姬蛙，它们同样是"泥窝里的歌手"，同样拥有极好的保护色。后两种姬蛙的繁殖期比北仑姬蛙更长。

2024年7月中旬的一个晚上，在一场雷雨之后，我驱车前往瑞岩景区夜探。经过水库边时，听到公路两侧有响亮的蛙类群鸣声，稍加辨认，便知道这里有两种蛙在鸣叫，分别是泽陆蛙与饰纹姬蛙。后者的叫声类似于"嘎，嘎，嘎"，十分喧嚷。

我下车查看，发现路边有很多雨后的水洼，这些小蛙也是把这些临时水坑当成了繁殖场所。可当我走近一点，这些警觉的蛙蛙便集体闭嘴了。我打着高亮手电仔细搜索好一会儿，连一只都没有找到。默默地等了好一会儿，终于有一只饰纹姬蛙忍不住又开始叫了起来。这一叫，也把其他雄蛙给带动了起来，现场马上又是"听取蛙声一片"了。

我蹲下身来慢慢找，这回终于看到了，有一只饰纹姬蛙，它躲在一个烂泥窝里，正卖力地大声歌唱呢。但见它那尖尖的头部之下，一个"巨大的"（相对它的身子来说）泡泡一鼓一鼓的，这个泡泡正是雄蛙的声囊，能起到共振、扩音的作用。与此同时，它的腹部也是一收一鼓，显然是在给声囊提供足够的气体。如果不是亲眼所见，真的很难想象，这么个小不点竟然能爆发出这么大的能量。后来，我还在另一个泥窝里见到了正在抱对的饰纹姬蛙。

顺便说一下，尽管叫声也类似"嘎，嘎"，但小弧斑姬蛙雄蛙的鸣叫声相对低而慢。不过，我没有拍到过小弧斑姬蛙鸣叫的场景。

饰纹姬蛙在鸣叫

树蛙的"蛙生大事"

说来感慨,我在宁波进行夜探大自然已有十几年时间,曾经无数次拍过本地最常见的树蛙,即布氏泛树蛙,包括其各种形态,如成蛙、幼蛙、蝌蚪等;但直到2024年的春末夏初,才较好地记录到了它们抱对繁殖的整个过程。由此,布氏泛树蛙的成长故事,才变得完整。

那么,为什么2024年我就能发现并记录到呢?其实道理也简单,那就是我在距离镇海棘螈自然繁殖地才百米左右的地方,发现了一个蛙类繁殖乐园,林蛙、姬蛙等都在这里繁殖,树蛙也不例外。

本地最常见的树蛙

在宁波,善于爬树且常在树上栖息、觅食的蛙有3种,分别是布氏泛树蛙、大树蛙与中国雨蛙。前两者属于树蛙科,而后者属于雨蛙科。大树蛙虽说在江南属于广泛分布的常见物种,但在宁波地区分布甚少,在北仑山中也偶有记录;中国雨蛙在宁波各地山区都很多,但它们通常只在五六月的雨后才容易见到,其他时候由于不大鸣叫,且体形小、保护色好,又喜欢在植物丛中活动,故难以被发现。

这3种蛙里面,最容易见到的就是布氏泛树蛙。这种树蛙原先一直被

布氏泛树蛙

叫作"斑腿泛树蛙"，在宁波山区广泛分布，在柴桥境内山中的数量也很多。如果想要观察，几乎在本地任何一个山村，只要附近有小水塘甚至废弃的水缸，那么在仲春至夏天的晚上，都很容易找到它们。你只要循着其雄蛙的独特叫声找过去，就会在水边发现几只棕褐色的小蛙。它们能在附近的树干、石壁乃至水缸壁上"行走"自如，如履平地。这就是布氏泛树蛙。其雄蛙体长通常在5厘米左右，雌蛙略大一点，会超过6厘米。

若俯身仔细观察，会发现布氏泛树蛙的背部皮肤比较光滑，仅有细小的疣粒。多数布氏泛树蛙的背上有深色"X"形斑或纵条纹，但也有部分个体仅具有散布的深色斑点。宁波地区的布氏泛树蛙，体色以棕褐色为主，无非就是颜色的深浅问题，或者有的偏黄，有的偏褐。

布氏泛树蛙的脚趾端具有发达的吸盘，能牢牢吸附在物体表面。我曾经看到，一只布氏泛树蛙竟"趴"在离地两米多高的墙壁上，简直如同壁虎一般。不知道它去那么高的地方干什么，难道也是找小虫子吃？

布氏泛树蛙

前面提到，布氏泛树蛙的雄蛙叫声比较特别，那么到底是什么样的声音呢？大家可以这样想象一下：在山中静寂的夏夜里，忽然传来一阵轻快的"啪嗒，啪嗒"声，像有人在默默鼓掌，又似快板在轻轻敲击。这便是布氏泛树蛙在鸣叫，声音非常有辨识度。

那么，雄蛙为何而鸣？其实，这跟雄鸟的鸣唱一样，最主要的目的就两个：一、宣示领地；二、求偶。春末夏初，也就是五六月间，气温适宜，雨水充沛，正是布氏泛树蛙的繁殖高峰期。

树蛙"叠罗汉"

在繁殖期，布氏泛树蛙的雄蛙常爬到山区水塘上空的树枝上，或躲在水边的石缝、草丛中，有节奏地鸣叫，以吸引雌蛙。我前几年夜探时，常听到"啪嗒，啪嗒"的叫声，但奇怪的是，却从未见过雄蛙们争着去抱一只雌蛙的场景——照理说，以布氏泛树蛙这么大的种群数量，我应该很容易见到它们的繁殖场景才对啊！

直到2024年春末，机会终于来了。套用一句大家常用的话，叫作："在合适的时间来到了合适的地点。"

其实，还在早春的时候，我就已经注意到了这个"合适的地点"，那就是瑞岩景区附近山脚的一个水塘，离镇海棘螈的野外繁殖地非常近。在前文《"早婚"的林蛙》中，我就写到大量镇海林蛙在这个水塘里抱对繁殖。镇海林蛙的繁殖期很早，是在冬末春初。当时我就想，这个水塘大小适中，水面上空被树冠遮盖，这么好的条件，应该也会吸引布氏泛树蛙来此繁殖。

于是，从那以后，我有空就经常去那一带走走。到了5月中旬，甚至在白天都可以听到从那个水塘里传来响亮、密集的"啪嗒，啪嗒"声，十分热闹。5月下旬的周末,我和阿则及其家人,来瑞岩景区夜探。当我们走到这个水塘边时,发现水面上空的树枝上有很多布氏泛树蛙,其中多数是雄蛙。它们躁动不安,在树枝上或鸣叫或跳动,而附近的雌蛙则相对安静得多。这些雌蛙看上去个个大腹便便,那是因为肚子里有卵泡。

我跟阿则说:"看样子今晚有戏!"果然,仅几分钟之后,我们就看到,一只雄蛙轻轻一跃,跳到雌蛙的背后,迅速用前肢紧紧抱住对方。说时迟那时快,在很短的时间内,竟然又有三四只雄蛙蜂拥而上,争相去抱那只雌蛙。于是,激烈而有趣的场景出现了:雄蛙们为了占据更有利的位置,互相之间竟"拳打脚踢",都巴不得把其他雄蛙给踹开,好让自己"独抱美人归"。但事实上这是不可能的,因为谁都不愿退缩。

于是,树蛙们在"叠罗汉"的状态下,正式开始了它们的"蛙生大事"。被抱在最里面的雌蛙排出泡沫状的卵泡,而几只雄蛙同时排出精子,它们一起用后腿进行搅拌,好让卵泡受精。整个过程持续了大半个小时,之后,雄蛙与雌蛙陆续离开,现场留下一个挂在树枝上的已受精的白色卵泡。

接下来的一两个月内,我只要去瑞岩景区夜探,都会去看一下这个水塘。我发现,5月中旬到6月上旬是树蛙们在这个水塘繁殖的最高峰,水塘上空挂了很多卵泡,之后就慢慢消停了。

在宁波,多数蛙类直接产卵于水中,受精卵在水里发育,蝌蚪出来后直接在水里活动。而布氏泛树蛙的习性比较特殊,它们的白色(后期变成淡黄色)卵泡常挂在水塘上空的树木枝叶上(也有的黏附在泥岸、石壁、水缸壁上)。受精卵在湿润的卵泡内发育,蝌蚪孵出后,从逐渐干瘪的卵泡掉落水中,继续生长发育。完成变态后的幼蛙登上陆地,开始树栖生活。由此,新一轮的生命周期开始了。

布氏泛树蛙准备抱对繁殖（最下方那只为雌蛙）

布氏泛树蛙抱对繁殖

布氏泛树蛙蝌蚪

小树蛙长大了

多年前的暑期,我偶尔去一趟西双版纳,就在热带雨林中拍到过黑蹼树蛙的抱对繁殖行为;但在宁波本地,居然还是第一次完整目睹布氏泛树蛙的繁殖过程。现在想来,其中原因,除了上文说的没有找到并持续关注"合适的地点",另外还有一个原因,那就是我前些年进行夜探的时间较晚,以七八月份居多,因此错过了布氏泛树蛙的繁殖高峰期。

到了6月下旬,布氏泛树蛙的繁殖期便已经进入尾声。瑞岩景区附近的那个池塘里出现了无数的蝌蚪,其中以北仑姬蛙的蝌蚪为最多,其次便是布氏泛树蛙的蝌蚪。后者像小鱼一样,不时游到水面,换口气后就又立即潜入水下。

布氏泛树蛙刚上岸的幼体

7月初,已经有不少布氏泛树蛙的幼体开始上岸,晚上也会跟成体一样趴在植物的枝叶上等待捕食机会。我看到,这些树蛙幼体的皮肤非常娇嫩,如玉石一般,呈半透明状。尽管它还拖着一条尾巴,但背上的"X"形斑已清晰可见。不久,它们的尾巴也消失了,除了个子略小、体色略淡,这些小树蛙跟成蛙已经没多大差别了。

布氏泛树蛙幼蛙

认识多一点

大树蛙：
本地最大的树蛙

　　大树蛙属于大型蛙类，雄蛙体长8厘米左右，雌蛙更大，可接近10厘米，是浙江最大的树栖性蛙类。除腹部外，大树蛙几乎全身碧绿，背部有几处黄褐色的小块斑纹，体侧有白色的小圆斑。我看过不同个体的大树蛙的照片，它们的体表的斑纹的大小、数量与分布都没有规律，这显然是一种保护色——当它们在树上活动时，这些斑点看上去就像是绿叶上的斑点或被虫子咬过后留下的虫洞。

　　大树蛙属于浙江省重点保护野生动物，在中国南方分布很广，虽说近几年来其种群数量呈明显下降的趋势，但毕竟还不是濒危物种，在浙江不少地方的分布数量还是比较多的。不过，大树蛙在宁波境内应该属于罕见物种，迄今我还没有在本地见过它们。而专业调查人员曾在北仑山中拍到过大树蛙抱对繁殖的场景，它们的繁殖习性跟布氏泛树蛙高度相似。

大树蛙抱对繁殖（上雄下雌）(金黎/摄)

大树蛙

中国雨蛙：
善吹"泡泡"的小蛙

　　中国雨蛙是一种特别好看、可爱的小蛙，在华东、华南均有广泛分布，主要生活在海拔较低的山区。它非常小，还没有成年人的拇指大，背部绿色，腹部两侧及大腿内侧均为鲜黄色，同时分布着黑斑。别看它的体色很鲜艳，实际上也是一种良好的保护色，可以与植被浑然一体——热带地区的很多雀鸟也很艳丽，但当它们处在树冠里的时候，就具有极好的隐身效果，这是同样的道理。

　　白天，中国雨蛙要么匍匐在石缝或洞穴内，要么隐蔽在灌丛、芦苇、美人蕉以及高秆作物上；夜晚比较活跃，出来捕食金龟子、蝽象、象鼻虫等昆虫。但是，在非繁殖季节，它们经常分散在树上活动，很少鸣叫，因此我们很难找到它们。在华东地区，只有在春夏的雨季，中国雨蛙到了繁殖期，它们会大量聚集在一起，雄蛙们更是情绪饱满，竞相鸣叫求偶，此时才容易见到雨蛙。由此可见，"雨蛙"这个名字确实是名副其实。

中国雨蛙求偶

中国雨蛙鸣叫

柴桥九峰山奇妙夜

2024年夏天酷热无比，宁波的最高气温动辄冲到40摄氏度左右，白天简直无法出门进行野外拍摄。不过，这倒是让我增加了夜探自然的次数。我走了很多地方，以瑞岩景区为主，兼顾云雩山森林游步道、岭下村后山溪流、洪岙村附近山林等地，总之都是在柴桥境内的九峰山一带，收获颇丰。

这些夜探的经历，有些前文已经讲了，比如关于蝾螈和某些蛙类的故事；有些要在接下来的文章中细述，比如关于夜寻猫头鹰的曲折过程。这里，主要是想为大家介绍一些喜欢夜间活动的昆虫、蛙类和蛇类。

夜晚的"虫虫集市"

7月的一天，正当暮色四合之际，我来到了柴桥山中，四周传来此起彼伏的蝉鸣，有的是"唧……唧唧唧"，有的是"前……前……"，有的是"嗞……嗞……"。我好像处在山林中的"虫虫集市"，耳畔一片喧闹。这里的蝉有好几种，以螂蝉、黑蚱蝉、蟪蛄等居多。尤其是螂蝉，在盛夏的瑞岩景区内可谓比比皆是。这是一种本地山里常见的大型蝉，身体黑褐色并带有绿色斑纹。

蟪蝉

当夜幕完全降临之后,蝉鸣逐渐消歇。取而代之的,是各种螽(zhōng)斯的鸣叫声。如果说蝉是乔木上的歌手,那么螽斯便是著名的"草丛(灌木丛)演奏家"。螽斯发出鸣声,不是因为两腿摩擦,而是靠雄虫的一对覆翅相互摩擦来发声的,不同种类的螽斯发声频率不一样,故鸣声也不一样,但通常都很有金属质感。瑞岩的山中,有很多宽翅纺织娘,其雄虫的鸣声比较单调,是一种持续的类似于"织,织,织……"的声音,据说跟当年的织布机发出的声音有点类似。宽翅纺织娘有两种色型,即绿色型与褐色型,其外形分别与绿叶、枯叶相似,具有较好的拟态效果。

宽翅纺织娘(绿色型)

宽翅纺织娘(褐色型)

棘螈和它的朋友们

瑞岩山中的螽斯种类非常多，多数我不认识，有些则能大致辨认到螽斯科的某个属，如寰螽属、华绿螽属、翡螽属等，但不能确认具体是哪个种。我见到过一种翡螽属的昆虫，其翅膀的样子酷似绿叶，雌虫的产卵器呈刀状，能插入树皮中产卵。

除了螽斯，飞蛾也是夜间常见昆虫。我在瑞岩山中见到过多种具有眼状斑的飞蛾，如枯艳叶夜蛾、庸肖毛翅夜蛾、魔目夜蛾、银杏大蚕蛾、华尾大蚕蛾等。

枯艳叶夜蛾是非常有意思的昆虫，当它还是一条毛毛虫的时候，就长

华绿螽属

一种翡螽的雌虫正在产卵

枯艳叶夜蛾（幼虫）

枯艳叶夜蛾

得"别具一格"：暗红色的虫体上居然也有一对乌溜溜的"眼睛"，近距离骤然遇见，还真有点惊悚感。其成虫的前翅拟态枯叶，而金色后翅上则具有类似猫头鹰眼睛的大眼斑。

在山里，常可见到附在树枝上的一种镂空的大型茧，这就是银杏大蚕蛾的茧。银杏大蚕蛾通常在秋天羽化为成虫，其后翅也具有一对大眼斑。

在岭下村后山，我见到过一只华尾大蚕蛾的雌虫，其体色为浅绿色，非常秀气。可惜它羽化失败，不会飞行。华尾大蚕蛾的雄虫比较艳丽，其翅膀为明艳的黄色，前后翅的翅面上都有波纹状的条纹，且各有一对眼斑。

银杏大蚕蛾

庸肖毛翅夜蛾

华尾大蚕蛾（雄，背面）

棘螈和它的朋友们

夏末秋初,是螳螂的成虫期。瑞岩山中的螳螂密度很高,我所见到的主要有3种,即中华刀螳、中华斧螳和棕静螳。它们夜间会待在草木的叶子上,伺机捕食。

有时,在夜探时,还会遇见昆虫的有趣行为。2024年5月底的晚上,我和朋友李超一起来到瑞岩,那天虽然没有找到镇海棘螈,但偶遇了一只大跳"摇摆舞"的竹节虫。当时,它走到一棵小草旁,忽然跳起舞来了,不停地前后摆动,挥足甩头,跳得忘乎所以。原来,竹节虫爱"跳舞",是在模拟树枝被风吹动的样子,以骗过天敌。

中华刀螳

中华斧螳

棕静螳

这只竹节虫在夜色中大跳"摇摆舞"

森林中的蛙鸣

春夏时节的夜晚,特别是在雨后,柴桥的九峰山中真可谓"草深无处不鸣蛙"(宋·陆游《幽居初夏》)。

在山脚的瑞岩水库或附近农田中,有泽陆蛙、金线侧褶蛙、黑斑侧褶蛙及各种姬蛙。泽陆蛙为中小型蛙类,极常见。其体色跟泥土差不多,以灰色或灰绿色打底,有的多绿色或红色斑纹,昼夜都出来觅食。大雨之后,它们会跟姬蛙一样,出现在路边的积水坑中,大声鸣叫求偶。

金线侧褶蛙与黑斑侧褶蛙均为中大型蛙类。前者的背部具有宽厚的

金黄色的侧褶（故名"金线侧褶蛙"），雄蛙鸣叫的音量较低，类似于小鸡的"叽啾，叽啾"声；后者身体较为壮硕，体色多变，体背或体侧有黑斑，其雄蛙"呱，呱"的鸣叫声非常响亮。

进山之后，则多见天目臭蛙、阔褶水蛙、棘胸蛙、北仑姬蛙、布氏泛树蛙等蛙类。后两种已有专文介绍，这里略过不提。

天目臭蛙是溪流附近的常见蛙类，其背部绿色，多棕褐色圆斑。它们白天不常见，一到傍晚，就开始从隐蔽处出来，蹲在溪边的石头上或树上准备觅食。那个时候，常能听到雄蛙发出"吱吱啾啾"的叫声，不知道的，还以为是小鸟在灌木丛里叫呢。天目臭蛙雌雄大小相差悬殊，雌蛙明显大于雄蛙。

阔褶水蛙也很易见，这是一种中小型蛙类，皮肤粗糙，体背面多为褐色，背侧褶较宽。跟镇海林蛙一样，这种蛙平时并不鸣叫，只有在春季繁殖期，雄蛙才会发出"唧唧"的鸣声，一般连续两三次。

令我惊奇的是，在四明山里并不多见的棘胸蛙，在九峰山里却相当见。在很多溪流中，哪怕没见到棘胸蛙的成体，也会见到大量蝌蚪。棘胸蛙的蝌蚪体形很大，远超本地其他蛙类的蝌蚪。

棘胸蛙，俗名石蛙，是宁波山里面最大的蛙类，体长可超过12厘米，甚至长到14—15厘米，是本地多数野生蛙类的体长的两倍以上。棘胸蛙的体色比较多变，有的棕黄，有的黄绿，有的棕色偏黑，也有的明显偏红，通常跟其生活环境中的岩石的颜色接近。

那么为什么叫棘胸蛙呢？顾名思义，蛙的胸部有棘刺。原来，在繁殖期，雄蛙胸部密布具有黑刺的疣粒，而雌蛙没有。在抱对繁殖时，雄蛙趴在雌蛙背上用强壮的前肢紧紧抱住对方，胸前的小刺增加了摩擦力，既有利于防止雌蛙挣脱，也能防止别的雄蛙跟其"抢老婆"。

在繁殖期，棘胸蛙的雄蛙会蹲在溪流边发出音调低沉但又十分响亮的鸣叫声，经常先是一阵"咕！咕！"声，紧接着是"笃！笃！"声，老远就可听见。不过，棘胸蛙十分警觉，每次我企图靠近，它就马上不叫了。

天目臭蛙（雌）

阔褶水蛙

棘胸蛙

与蛇邂逅

最后来说说我在九峰山里遇见过的蛇。可能有人会说,蛇会捕食棘螈,正是棘螈的天敌,怎么能加入棘螈的"朋友圈"呢?从狭义的角度理解,自然是这样;但从更宽的视野来看,却并非如此。蛇类是生物链中非常重要的一环,很难想象在亚热带区域,如果野外没有蛇,这个地方的原生态质量会是什么样。

实际上,《北仑区陆域生物多样性本底调查报告》显示,在北仑境内的蛇类起码有20多种。2024年春夏,我在瑞岩进行夜间生物调查与拍摄时,也曾与不少蛇类不期而遇。

犹记得,第一次遇见的,便是一条俗称"五步蛇"的尖吻蝮。它的体色比较浅,说明还是一条幼蛇。成年尖吻蝮的体色明显变深,背部整体呈黑棕色,体侧的三角形斑也为黑色,整体斑纹跟落叶比较相似。这种毒蛇的嘴的吻端尖而上翘,故名"尖吻"。

我见到的另外一种著名毒蛇是银环蛇。银环蛇是中国陆地上毒性排名第一的剧毒蛇,喜欢生活在靠近溪流、湖泊等近水处,以夜间活动为主,捕食蛙类、鱼类、蜥蜴、鼠类等。在九峰山里,福建竹叶青蛇也是一种比较常见的毒蛇,其体长通常为七八十厘米,通体碧绿,只有细长而善于缠绕的尾部为焦红色。上述两种毒蛇的性情均较为温和,除非被触碰或攻击,一般不会主动咬人。

当然,见到最多的,还是无毒蛇或微带毒性的毒蛇,如黑眉锦蛇、王锦蛇、虎斑颈槽蛇、赤链蛇、绞花林蛇等。5月底的一个雨夜,我跟阿则父子俩在经过瑞岩水库旁的公路时,忽见前方的路边有一条黄绿色的大蛇。靠近一看,原来是黑眉锦蛇。它粗如小孩的手臂,体长有1.5米左右。黑眉锦蛇是本地常见的大型无毒蛇,眼后有明显的黑色"眉纹"。这种蛇以

尖吻蝮

银环蛇

福建竹叶青蛇

棘蝾和它的朋友们

黑眉锦蛇

王锦蛇

虎斑颈槽蛇

赤链蛇

绞花林蛇

乌华游蛇

善于捕食老鼠著称，有时会入户捕鼠，故在农村常被称为"家蛇"。

说了那么多，可能有的读者会问：如果在野外遇到蛇，又该怎么办呢？我想说，对于蛇类，首先我们应抛开偏见，既不用害怕，也完全没有必要视之为仇敌，欲除之而后快。其次，不用尝试去分辨那是毒蛇还是无毒蛇——因为这真的挺难的，比如说，依靠"头部三角形与非三角形"来判别，其实并不靠谱。更何况，蛇类也会拟态，如毒性不强的绞花林蛇跟剧毒的原矛头蝮长得就像双胞胎；而无毒的黑背白环蛇也酷似银环蛇，一般人对它们是难以分辨的。因此，我的建议是，普通人见到蛇之后，最好的方法是"敬而远之"，远远绕开走就是，这样对大家都好。

森林里的"鸟语"

喜欢到野外玩的朋友或许会有这样的经验：听到不远处传来独特的鸟叫声，却怎么也找不到这只鸟。这种"只闻其声，不见其鸟"的情况我也经常遇到。

柴桥瑞岩景区所在的九峰山，山峦起伏，森林郁郁苍苍。很多时候，我们确实只能听到各种鸟叫声，却难以看清楚鸟影。不过也不要紧，有时光凭鸟叫声，也能判断出大致是什么鸟。

这里，我很乐意为大家分享一下"闻声辨鸟"的经验。当然，遗憾的是，其实语言很难准确描述鸟类丰富、生动的鸣叫声，只能大致模仿。有兴趣的朋友，可以专门到网上找某种鸟的鸣叫录音来听。

好，现在就让我们一起走进柴桥的山区或村落，来聆听丰富多样的鸟声吧。

一

春日里，无论行走在瑞岩寺附近的山间道路，还是闲坐在河头村的村中庭院，常听见身边的树上传来一阵细碎而急促的鸟鸣声："急急嘿，急急嘿！"你若抬头看，则不难看到一只才麻雀那么大的黑白两色的小鸟，它正边唱边飞，从这棵树到那棵树，非常活泼好动。这就是大山雀（也就是我的网名），一种好奇心极强且以善于捕虫出名的常见小鸟。

如果说大山雀还属于易见的话,接下来亮相(哦不,应该说是"出声")的鸟儿,通常就不是那么容易被看到了。

早春,在阳光明媚的时候,走在云雾山森林游步道上,常会忽然听到附近灌木丛里传来独特的鸟鸣声:先是一阵持续、悠长的上升音"weee",接着声调突然急转直下,以干脆利落的爆破声"chiwiyou"结尾。稍停片刻,"weee, chiwiyou!"这歌声又反复响起。

这是《中国鸟类野外手册》上对强脚树莺的叫声的描述,大家可以试着用英文发音读一读,真的很形象。不过,也有俏皮的观鸟人士是这样模拟其歌声的:"你……回去!我……不回去!"

其实,在秋冬季,强脚树莺只会发出"啧,啧"的单调叫声,只有在春风来临的时候,它才会发出如此悠扬的歌声。不过,这种小鸟往往躲在树冠里鸣叫,很难找到它。

强脚树莺

春天，也同样是柳莺们最爱鸣唱的季节。在柴桥山里最常见的柳莺就是黄腰柳莺与黄眉柳莺，这两个小不点都属于宁波的冬候鸟。早春时节，它们也开始大秀歌喉，其雄鸟的鸣唱声非常婉转动听，可惜难以用文字来转述。不过，黄腰柳莺的一种鸣叫声类似于"绝亦！绝亦！"相对还算容易描述。

春末夏初，我在柴桥听到了多种杜鹃科鸟类的叫声，如大杜鹃、大鹰鹃和噪鹃。它们是宁波的夏候鸟，跟燕子一样，春来秋归，其叫声均以"富有个性"出名，属于不大会认错的声音。

在各种杜鹃之中，大杜鹃的"公众知名度"无疑是最高的。它的叫声为两音节，很像"布谷，布谷"。大杜鹃从南方飞来的时候，正值春耕之际，因此人们把它的叫声跟稻谷播种联系起来，称之为布谷鸟。

大鹰鹃，是一种长得比较像鹰的杜鹃。5月，无论在白天还是晚上，在瑞岩景区一带常可听到大鹰鹃的鸣叫声。它的叫声非常响亮，且持续不断，有点类似于"贵贵呦，贵贵呦"，前两个音节重而清晰，第三个音节很弱。

跟大鹰鹃一样，噪鹃也喜欢躲在树冠里鸣叫，故通常难以见到。从"噪鹃"这个名字就可以知道，其鸣叫声非常响亮、吵闹。噪鹃叫声是这样的："喔哦！喔哦！"而且越叫越响，持续不断。

在春夏鸟类繁殖季节，在柴桥乡村的河道边，晨昏时常能听到白胸苦恶鸟发出"苦恶，苦恶"的持续叫声，有时甚至彻夜不休。白胸苦恶鸟这个看似古怪的名字，正来自其雄鸟的求偶叫声，"苦恶"两字乃是象声词。不过，由于它总喜欢躲在水边草丛里鸣叫，因此，尽管这种鸟很常见，但要找到它却也不容易。

跟白胸苦恶鸟一样，会发出很奇怪的叫声的，还有普通夜鹰。这种鸟也是宁波的夏候鸟，喜欢在夜间鸣叫，其叫声大得很，且极有辨识度："啾啾啾！啾啾啾！"就像是机关枪在持续扫射，实在吵得令人心烦。

普通夜鹰在瑞岩景区附近数量不少。2024年春夏我常去瑞岩景区夜

黄腰柳莺

黄眉柳莺

大杜鹃

大鹰鹃

噪鹃

白胸苦恶鸟

在树干上歇息的普通夜鹰

探,从5月开始,一直到7月,都能听见它们鸣叫。有一次,我和朋友李超两人一起夜探时,听到在北仑林场的办公区一带传来特别响亮的普通夜鹰叫声,于是循声过去找。在高亮手电的照射下,我赫然看到三四只普通夜鹰在屋顶上空飞掠,它们的大眼睛有着明亮的反光,骤然遇见,颇有惊悚之感,当时真把我吓了一跳。

普通夜鹰,虽然其名字中的最后一个字是"鹰",但它并非鹰隼之类的猛禽,而是一种属于夜鹰目夜鹰科的鸟。羽色斑驳的普通夜鹰具有极好的保护色,白天常栖息于树干或地面;当天黑下来的时候,则开始在空中轻盈地滑翔,张大嘴捕食蚊子、蚋、蛾等飞虫。

二

前面所介绍的,重点是春夏时节有特色的鸟声。不过,也有些鸟,其叫声也是非常有意思的,但它们的鸣叫并不具有明显的季节性。下面也为大家简单介绍几种。

瑞岩景区大门口附近有成片的竹林，我路过那里时，耳畔常能听到阵阵清幽的"铃铃，铃铃"声，跟电话铃声几乎一样，只是非常轻柔悦耳。原来，那是害羞的棕脸鹟莺在竹林深处唱歌。

至于在那里常听到的响亮的"笃，笃"声，那倒不是鸟叫声，而是啄木鸟敲击树木或竹子时发出来的。宁波的啄木鸟种类不多，以斑姬啄木鸟为最多见，这是一种比麻雀还小的微型啄木鸟，喜欢在竹林中觅食。

而在山路边的大树上，有时会听到类似小猫叫一样的"喵喵"声，不用说，那肯定是黑短脚鹎在叫。瑞岩景区内有各种鹎栖息，除了黑短脚鹎，栗背短脚鹎、绿翅短脚鹎等也很常见，它们常成小群在树冠层活动，十分喧闹。

在那一带，叫声最有趣的，当属"地主婆"灰胸竹鸡。犹记得，十几年前刚拍鸟的时候，我看到有鸟友在浙江野鸟会的观鸟论坛上说，他拍到了"地主婆"。当时我很好奇：啊，还有叫"地主婆"的鸟？后来才弄明白，原来它的大名叫灰胸竹鸡，其叫声很像"地主婆"。后来，在山里行走，听到了此起彼伏的叫声："地主婆！地主婆！"那时真不禁哑然失笑。

另外，领角鸮（xiāo）、红角鸮、斑头鸺鹠（xiū liú）等俗称猫头鹰的鸟类喜欢在夜间鸣叫，它们在瑞岩景区有稳定分布（详见本书《夏夜寻"猫"记》一文）。

以上介绍的，都是在宁波有正常分布的鸟，它们的叫声也为观鸟爱好者们所熟悉；而如果在本地听到很陌生的鸟叫声，那又会意味着什么呢？我想，这很可能说明这里出现了原先没有分布记录的鸟！

2024年5月中旬，在瑞岩景区的半山腰，我听到了一连串连续、响亮的鸟叫声："咯咯咯咯咯咯……"这声音始终在山谷里回荡，我有点耳熟，但一时又想不起来那是什么鸟。过了好一会儿，才猛地想到：那不正是黑眉拟啄木鸟嘛！可惜它一直在远处的密林中鸣叫，我无法找到它。

黑眉拟啄木鸟是两三年前才确认的宁波鸟类新分布记录。最初，浙江野鸟会的专业人员在天童景区进行鸟类调查时听到了其叫声，后来还拍到了它。2023年春末，我在四明山里也听到了黑眉拟啄木鸟的叫声。至于在北仑区域内，或许还是第一次记录到黑眉拟啄木鸟。

灰胸竹鸡

黑眉拟啄木鸟（陈黎明/摄）

认识多一点

瑞岩景区常见（特色）鸟类

柴桥瑞岩景区内古树参天，且有水库；附近的河头村、岭下村区域，则是处在山间的平坦谷地，河流纵横。这种既有森林，又有平原，且水系发达的环境，为很多鸟类提供了良好的栖息环境。

早在2006年，也就是我刚迷上拍鸟的时候，那年夏天，我和朋友李超转乘了多辆公交车，才从宁波市区辗转来到柴桥的瑞岩景区，专程来拍鸟。虽然时间过去了那么久，但第一次来瑞岩景区的印象还是历历在目。

那天，我们步行走在瑞岩水库边，先拍到了普通翠鸟，很高兴（那时候刚拍鸟，见啥都是新鲜的）。随后来到景区大门口，听到大树顶上有一种鸟在大声怪叫，其声尖厉，挺像是海边的鸥类在尖叫。自然，我们以前从未听到过这样的鸟叫声。急忙抬头寻找，发现两只长相奇怪的鸟一会儿停在路边的树枝上，一会儿飞到附近的树顶上，边飞边叫。我赶紧将其抓拍了下来，回家一查，方知是黑冠鹃隼，在宁波比较罕见，属于夏候鸟。

黑冠鹃隼长相怪异，初次见到，我一点都不觉得它长得像猛禽。它是一种隼，可飞行时身体部分呈圆筒状，倒跟杜鹃相似；停栖在树上时，头顶总是竖着长长的黑色冠羽。因此，名为"黑冠鹃隼"，真的是再适合不过了。这种鸟善于捕食大型昆虫，也会抓老鼠、蝙蝠、蛙类等为食。

此后近20年间，我也曾多次来瑞岩景区进行自然探索，当然2024年是来得最多的。限于篇幅，这里就不多讲拍鸟故事了，而是直接以图片形式，为大家介绍部分我在瑞岩景区及附近地带见过的鸟类。

黑冠鹃隼

注：

1. 在本书的文章中已有专门介绍的，或随处可见的（如麻雀、白头鹎、棕背伯劳、乌鸫、珠颈斑鸠之类），均不再列举。

2. 留鸟是指某个地方四季常在的"土著居民"；而候鸟是指会迁徙的鸟类，它们每年春秋两季沿着相对固定的路线往返于繁殖地和越冬地之间。在特定的地域，根据候鸟出现的时间，可以分为夏候鸟、冬候鸟、旅鸟等。对于某种鸟类来说，在其越冬地则视为冬候鸟，在其繁殖地（或度夏地）则为夏候鸟，在往返于越冬地和繁殖地（或度夏地）途中所经过的区域时则为旅鸟。

3. 鸟类体长，指鸟的喙尖到尾端的长度，数据来源为《中国鸟类野外手册》。

猛禽类

红隼，33厘米，留鸟

凤头鹰，42厘米，留鸟

林雕，70厘米，留鸟

普通鵟（kuáng），55厘米，冬候鸟

水鸟类

白鹭，60厘米，留鸟

夜鹭，61厘米，留鸟

牛背鹭，50厘米，夏候鸟

池鹭，47厘米，夏候鸟

苍鹭，90厘米，留鸟

鸳鸯（左雄右雌），40厘米，冬候鸟

黑水鸡，31厘米，留鸟

小䴙䴘（pì tī），27厘米，留鸟

其他鸟类

领雀嘴鹎，23厘米，留鸟

红尾伯劳，20厘米，旅鸟

白腹鸫，24厘米，冬候鸟

紫啸鸫，32厘米，留鸟

灰背鸫（雌），24厘米，冬候鸟

灰背鸫（雄），24厘米，冬候鸟

白额燕尾，25厘米，留鸟

普通翠鸟，15厘米，留鸟

其他鸟类

北红尾鸲(雌)，15厘米，冬候鸟

北红尾鸲(雄)，15厘米，冬候鸟

白鹡(jí)鸰，20厘米，留鸟

灰鹡鸰，19厘米，冬候鸟

黄腹山雀，10厘米，留鸟

棕头鸦雀，12厘米，留鸟

灰喉山椒鸟(雌)，17厘米，留鸟

灰喉山椒鸟(雄)，17厘米，留鸟

其他鸟类

灰头鹀,14厘米,冬候鸟

松鸦,35厘米,留鸟

红嘴蓝鹊,68厘米,留鸟

灰树鹊,38厘米,留鸟

淡眉雀鹛,14厘米,留鸟

棕颈钩嘴鹛,19厘米,留鸟

戴胜,30厘米,留鸟

环颈雉(雄),85厘米,留鸟

夏夜寻"猫"记

"嗡！嗡！"夜晚的山林中，常传来这低沉、舒缓而有节奏的叫声，这声音可以传很远。我知道是谁在叫，但一般情况下我是不会去找它的，因为它通常待在远处的高树上，且常被浓密的树冠所遮挡，很难找到。

但那天晚上，当我独自走在瑞岩景区内的林中步道上时，所听到的叫声却显得特别响亮、清楚。显然，它就在离我很近的地方，而且很可能所处的位置并不高。于是，我悄悄循声前往，到了一个亭子边，听到的声音更响了。举起高亮手电，往亭边古老的香樟上搜索，我赫然看到，一双圆圆的大眼睛正从上面俯视着我！终于找到了，好可爱的一只"猫"！

夜探森林，撞见"飞猫"

熟悉我的朋友应该已经猜到了，"鸟人"（指鸟类摄影爱好者或观鸟爱好者）嘴里的"猫"，不是通常所说的猫咪，而是特指一类会飞的"猫"，即猫头鹰。在宁波有分布的猫头鹰有十几种，在野外都不容易见到，我拍到过的有领角鸮、斑头鸺鹠、雕鸮、草鸮、红角鸮、短耳鸮等少数几种。其中，领角鸮和斑头鸺鹠是本地相对容易遇见的两种猫头鹰，它们的叫声都很有辨识度：那"嗡，嗡"的低沉叫声，便是领角鸮发出来的；而斑头鸺鹠

棘蜥和它的朋友们

斑头鸺鹠

常于夜间发出一种快速的颤音,由于颇像辘轳滚动时发出的声音,因此斑头鸺鹠被古人叫作"鬼车"。

且说,2024年7月的一个晚上,我独自到瑞岩景区夜拍,那里古树参天,原生态环境非常好。晚上8点多,一走进林区,便听到"嘟,嘟,嘟"的持续叫声,我知道那是红角鸮在鸣叫,只是这声音比较轻微,显然那只鸟在远处的树上,难以寻找。附近也有领角鸮的叫声,而且不止一只,可惜听起来也离我比较远。

我边走边寻找其他物种,拍到了布氏泛树蛙、棘胸蛙、纺织娘、蝶角蛉等常见的蛙类或昆虫。忽然,附近突然响起了清亮的"嗡,嗡"声,一声又一声,简直就近在耳畔。我以前从未听到如此近距离的领角鸮叫声!

"这只'猫'就在离我很近的地方!"我心中暗想。

我马上前去寻找,于是就出现了本文开头的那一幕。这只领角鸮停在一根粗大的横枝上,离地只有七八米高!我举着手电,明亮的光线照着它,在这一瞬间,我与它四目相对,彼此都有点吃惊。好在,它并没有立即飞走,而是一直瞪着圆圆的大眼睛,有点好奇地看着我。

由于太激动,我的心在"怦怦"乱跳,手忙脚乱调整好相机与闪光灯的拍摄参数,举起长焦镜头便迅速按下快门。谁知,我在取景器里看到,快门速度居然只有1/7秒!这么慢的快门速度,是很难把照片拍清楚的。当时我心里又是着急,又是不解——因为,通常来说,既然装着闪光灯,那么在多数情况下快门速度应该是不会低于1/60秒的。拍了几张后,我赶紧检查相机与闪光灯,马上发现闪光模式错了。原来,在拍照的时候,我的头灯刚好顶住了闪光灯的一个按钮,于是闪光模式变成了"频闪"模式。在环境光线与拍摄距离都比较合适的前提下,这种模式可以实现快速、多次的闪光;但当时的拍摄条件并不好,以致照片都拍糊了。等我把闪光模式调整回来,抬头一看,这只"猫"早已悄无声息地飞走了。

心有不甘,再次寻"猫"

撞见这么好的机会,却因为一个低级错误而导致拍摄失败,我自然心有不甘。次日,我约了朋友李超,再去那里拍猫头鹰。那天晚上,到了瑞岩景区,下车准备器材的时候,我发现自己又"悲剧"了:这回不是把闪光灯设置错误的问题了,而是干脆找不到闪光灯!我愣在车旁,百思不得其解,明明记得出发的时候是把充满电的闪光灯放在布袋里的呀,怎么就不见了呢?无奈,我只好安慰自己说,算了算了,就靠手电的光来拍吧!

一进入森林,倒是马上听到了领角鸮与红角鸮的叫声,可惜它们都在远处的山坡上。没办法,只好往前走走看看,来到瑞岩寺附近时,忽闻不远处传来了一长串颤抖的高音:"咕噜噜咕噜噜……"这是典型的斑头鸺鹠的鸣叫声。

我们加快脚步前行,随即确认,这只斑头鸺鹠就在寺院门口的大树上。遗憾的是，它藏身于浓密的树冠里，我们仰着脖子找了半天，还是只闻其声，不见其鸟。它一直在上面自在地鸣叫，我们却只能在树下干着急，后来只好无奈地离开。

沿着附近的山路，我们慢慢走着，四周没有人声，但蟊斯、蛙类等都叫得十分热闹，两三只领角鸮也在远处此起彼伏地叫着。走到一个水塘边，又听到一只领角鸮就在身旁的杉树上鸣叫，可惜还是找不到它。就这样，在附近兜了一大圈，快到午夜11点了，我又听到不远处传来领角鸮的叫声。这声音听上去比较清澈，没有那种闷闷的感觉。我跟李超说，这只"猫"离我们比较近，而且它所待的位置应该没有枝叶的遮挡，所以声音的传播效果比较好。

果然不出所料，当我们来到一棵古树底下时，已百分百确认它就在我们头顶。雪亮的手电光射向树冠，却不见鸟影。正失落时，我忽然注意到，在接近树顶的枝丫上有个小小的褐色的身影。当即举起长焦镜头瞄准了它，果然是一只领角鸮！它那喉部一鼓一鼓的，正叫得欢呢。

忙活了半夜，终于找到了，我们都很高兴。遗憾的是，它所处的位置非常高，因此哪怕很亮的手电照过去，光的衰减还是很厉害。我用了很高的ISO（感光度），快门速度还是只有1/30秒左右。好在相机的防抖性能非常棒，因此还是拍到了清晰的照片。

这里有个有趣的细节。当时，这只"猫"是微仰着头在叫的，因此我们起初看不到它的眼睛，只能拍到腹部。我灵机一动，嘴里发出轻轻的"啧啧"声，就像在呼唤家养的小动物一般。它听到后果然低下了头，圆睁双眼，好奇地看着树底下的我们，甚至还微微摇摆了一下头部。那可爱的模样，实在是太萌了。我们拍了好一会儿，它一直很"乖"，没有飞走。后来，我们给手电换了电池，等再抬头时，却发现它已经不见了。

凌晨回到家，我一眼看到，那只闪光灯赫然躺在沙发上。唉，我都不知道自己是怎么把它落下的。

领角鸮好奇地看着我们拍摄它

夏末晚上，神奇的偶遇

前文所述拍摄领角鸮的故事，都有一点戏剧性，但我真的想不到，更好玩的事情还在后头。

9月上旬的周末晚上，我又和阿则一家来到瑞岩景区夜探。先在景区内的古树林区域转了一圈，没有令人兴奋的收获。于是，我们离开景区，沿着外围的公路慢慢走，但除了见到几只螳螂，还是没拍到什么好东西。

说实在的，那时真有点百无聊赖。我走在前面一点，拿手电往路边高大的杉树上晃；阿则一家三口在我身后二三十米的地方，也在沿路慢慢寻找。忽然，手电光扫到了一个停在杉树的横枝上的小小身影，我的身体顿时一个激灵，再凝神一看：天哪，这不正是一只领角鸮吗?！它就在路边离地不高的树枝上，我以前从未如此近距离地与猫头鹰不期而遇！

我立即举起相机先拍了一张，然后转身做手势，压低声音喊阿则他们过来。阿则不明就里，一边跑一边问："是什么呀？"我不敢大声回答，只是指指树上，轻声说："领角鸮，领角鸮！"

这时，大家都看到了，个个又惊又喜。这只领角鸮胆子特别大，尽管被4个人拿着手电围观，但它还是自顾自地左顾右盼，低头寻找地面上的老鼠。

但此时尴尬又来了，因为，我、阿则，还有阿则爸爸，3个人手上拿着的相机的镜头都是"百微"（即焦距为100毫米的微距镜头）。这样的镜头，最适合近距离拍摄微小的对象；而对于树上的鸟，哪怕离得很近，也总是嫌焦距不够长的。后来，阿则干脆站到了路边的石墩上继续拍。几分钟后，这只猫头鹰才翩然飞走。

我们一边回看照片，一边说：这只"小猫"可真乖，很给我们面子，让我们从容地拍了那么久；同时也感叹，今晚上要是有一支哪怕只有两三百毫米的普通长焦镜头，就会拍得更加好！

领角鸮（用"百微"拍摄）

领角鸮低头觅食（用"百微"拍摄）

认识多一点

瑞岩景区的3种常见猫头鹰

在柴桥瑞岩景区常年栖息的猫头鹰至少有3种,它们分别是领角鸮、斑头鸺鹠和红角鸮。

领角鸮,体长23—25厘米,虹膜深褐色,头顶有一对"耳羽簇"(呈耳朵状的羽毛)。这对"耳羽簇"有时贴伏在头顶,有时则竖立如角;同时,在它脖子的位置,有一圈特征性的浅沙色领圈,故名"领角鸮"。白天在树上隐蔽起来休息,其灰褐色的羽毛上有很多黑色及浅黄色的斑纹,看上去跟皱裂的树皮几乎一样,保护色极好;夜间活跃,捕食昆虫、老鼠等。

斑头鸺鹠，体长22—26厘米，虹膜黄色，无耳羽簇，身体遍布棕褐色横斑。常在夜间和清晨鸣叫。白天和晚上均活动，多见于森林地带，但也常光顾庭园、村庄。

红角鸮,体长16—22厘米,虹膜黄色,具有耳羽簇。羽色斑驳,分灰色型及棕色型,很像树皮。白天多躲藏于林间,晚上出来活动。其叫声为:"嘟,嘟嘟……嘟,嘟嘟……"三声一度,比较轻柔,也容易辨别。

"追踪"大百合

2024年夏天,除了夜探大有收获,在柴桥我还拍到了一种美丽的百合花,也算是一大惊喜。

在宁波,百合科的野生植物有很多,但只有百合属与大百合属这两个属的植物的花,其外观才最接近于大家对百合花的印象。在宁波,上述两个属的植物共6种,分别是卷丹、药百合、野百合、百合、巨球百合(也叫黄花百合)和荞麦叶大百合。

上述百合,在本地都不常见。宁波植物专家林海伦曾在他的文章中说过一句话,我印象很深,他说:"有荞麦叶大百合分布的地方,原生态环境都是好的。"原先,我也没有想到会在柴桥境内发现荞麦叶大百合,因此当2024年早春,我无意中在岭下村后山的溪沟中"撞见"时,真的是特别高兴。之后便一直"追踪",直到盛夏时才如愿见到花开。

"追踪"数月,终见盛开

2024年7月下旬,在台风"格美"影响宁波之前,我带着女儿,还约了宁波的科普博物画家徐洋,一起到岭下村的山中拍摄荞麦叶大百合。在酷热的三伏天里,宁波山中盛开的野花很少,更不用说高颜值的花朵了。

因此，当荞麦叶大百合的花期来临时，我是绝对不愿错过的。

那天，我们穿了高帮雨靴，在郁郁葱葱的森林中，在怪石嶙峋的溪沟里，手足并用，一路攀爬，溯溪而上。快到目的地时，我环视前方，却不见那些本该很显眼的大型花朵，顿时心中忐忑，颇为紧张。是的，我自己看不到花不要紧，毕竟以前我已经在四明山里拍到过了；而徐洋是第一次来寻找，不仅要观察、拍摄，他回去还得好好画这种百合呢。

我爬上一块溪中的大石头，居高临下，望向溪畔的茂密植被。终于，在阴暗的树林下，在恣肆的绿色中，我看到了数朵洁白的花儿。正是荞麦叶大百合！它们差一点被疯长的灌木给掩盖了。

我高兴地喊了一声："找到啦！"

这里的荞麦叶大百合，是我在3月下旬就发现的。那次，我到柴桥山中寻访野花，也是沿溪而上，直到实在无路可走为止。结果，无意中在溪边发现了一个荞麦叶大百合的生长群落，共约10株。

荞麦叶大百合，属于百合科大百合属，是国家二级重点保护野生植物，在我国主要分布在华东、华中地区。中国的大百合属植物总共就3种，即荞麦叶大百合、大百合与云南大百合。而在宁波有分布的，只有荞麦叶大百合，多见于山坡林下阴湿处，花期7—8月。

3月里的荞麦叶大百合，还只有几乎贴地而生的叶子。这些油亮亮、肉乎乎的绿叶十分硕大，长度通常有二三十厘米，还具有显著的红褐色的叶脉，辨识度极高，属于绝对不会认错的本地植物。不过，我觉得，这种植物虽名为荞麦叶大百合，但其叶子的形状跟荞麦的叶子其实并不是特别像。我曾跟徐洋开玩笑说："还不如叫'巨叶百合'更合适呢。"

时值早春，那些落叶乔木与灌木均未长出新叶，故树林中十分亮堂，阳光可以直射到地面。荞麦叶大百合也正是利用这难得的空档，沐浴在充足的阳光里，茁壮生长，为盛夏时的花朵绽放做好准备。

从那以后，我就开始"追踪"这里的荞麦叶大百合，希望能顺顺利利，见到它们开花。好在，这个地方人迹罕至，草木在无人干扰的情况下可以

荞麦叶大百合在春天时的叶子

荞麦叶大百合的花苞

自由生长，因此这里的荞麦叶大百合全都安然无恙。

7月中旬，估摸着花期快到了，我又来到这条溪流。进去一看，不禁十分欣喜：在我眼前，全是淡绿的花苞！有趣的是，在茎的顶部，两个花苞以对称之姿斜斜向上，形成一个象征胜利的"V"字形。

在现场，我马上给徐洋发微信，告诉他，稍过几天，我们就可以来拍花了！因为我知道，徐洋立志画"四明草木"系列，像荞麦叶大百合这样的特色植物是必须要画的。徐洋也很高兴，于是我们赶在台风来临之前进山了。由于前段时间持续高温少雨，因此溪流中的水很少，这得以让我们顺利进入。

花开得正好，我来得正巧

找到花之后，我们开始多角度认真观察与拍摄。

盛花期的荞麦叶大百合，巨大的叶子还是丛生于近地面处，绿色的茎又高又直，有的可达1.5米左右，花生于茎的顶端。书上说，荞麦叶大百合通常具有"3—5朵花"，不过我们在这里见到的花全部只有两朵。

就花形而言，荞麦叶大百合的花比较特别，与我们熟悉的百合花有点不一样：多数百合花呈喇叭状，"喇叭口"张得很大，花被片甚至出现反转；而荞麦叶大百合的花朵通常只是小幅度张开，故与其说像喇叭，倒不如说似小号。顺便说一下，在植物学上，如果花的萼片和花瓣长得很像乃至无法分辨，就将萼片和花瓣合称"花被片"，因此这里直接说花瓣其实也是无妨的。

它们的花并不鲜艳，花冠洁白或淡绿，颇为清丽。现场拍摄的时候，还可以闻到怡人的淡淡芳香。每朵花具有6枚长达十几厘米的花被片：上方的3枚花被片可为花蕊挡风遮雨；而下面的3枚花被片的内侧具有明显的紫红色斑纹，能起到蜜源标记的作用，吸引昆虫前来采蜜，同时也为花儿授粉。

尽管那天不是特别热（不像前几天动不动就是逼近40摄氏度的极端高温），而且身处绿荫如盖的森林中，但没多久之后我们还是汗流浃背。而且，不知道哪里来的蚂蚁，它们不时爬上我的手臂，然后直接就下嘴咬一口，被咬的一瞬间还真挺疼的，好在皮肤不会红肿。后来，我们还在一朵花上见到了一只中华斧螳的若虫，这小家伙的翅膀还没有长出来，就已经翘着腹部，守候在花旁，伺机捕食其他昆虫了。

拍了很久，我们终于拍满意了，这才收工。

说起来，荞麦叶大百合在宁波虽说不常见，但也算不上很稀有的植物，在原生态比较好的山区溪流附近还是有望见到的。不过，很多植物爱好者都说，见到荞麦叶大百合的叶子不难，但要看到盛开的花，却需要一些运气。宁波的知名植物达人小山老师曾写过一篇《寻找荞麦叶大百合》的文章，文中就说：

"宁波有荞麦叶大百合的地方不少，四明山、茶山等不少沟谷之中，春天都可见其大叶舒展的幼苗。但要看到花，却颇为不易。去这些地方的

丛生的荞麦叶大百合

荞麦叶大百合的茎又高又直

荞麦叶大百合

一只中华斧螳的若虫停在荞麦叶大百合的花上，伺机捕食访花的昆虫

车程，基本都在一个半小时以上，加上天气炎热，刷山不多，有时候即使进山，要么还没开花，要么错过花期。这些年拍到大百合开花，也就一两回而已。"

除了花期难凑，荞麦叶大百合难见花的原因还在于，很多春天的幼苗未必能"撑"到盛夏的花期；而且就算开花了，也很快会自然衰败，或被虫子咬得千疮百孔。就像小山老师在文中所说："一路都在搜索荞麦叶大百合的身影，但却始终不见芳踪。原来长着大百合幼苗的地方，已被疯狂扩张的藤蔓封得严严实实，它们在自然的残酷斗争中无奈消失了。"

我也是一样。多年前，我就见到过这种植物，但一直没有拍到过花朵。记得有一次，还特意大老远跑到宁海茶山的桃花溪，谁知走了半天，却未见一朵花。套用一句现在常说的调侃之语，叫作我与花期刚好"完美错过"。

直到2022年春天，我在海曙区龙观乡的深山中又见到好多荞麦叶大百合的叶子。到了7月下旬再进山，发现长于山脚的植株都已消失无踪，最后在接近山顶的高山上，终于一圆夙愿，拍到了盛开的荞麦叶大百合。这回在柴桥，则是第二次拍到。就像花友们常说的："花开得正好，我来得正巧。"这是一种多么美好的缘分啊！

荞麦叶大百合的果实

最后顺便说一下，深秋时节，是荞麦叶大百合的果期，我也曾特意进入那条溪沟去观察、拍摄其绽裂的果实。这种植物不仅花好看，果实也很有特色。

美丽蜻蜓，有福来临

柴桥境内，既有幽深的山区溪流，也有绵长的平原芦江，当然也还有大大小小的池塘。这样的跟水密切相关的自然环境，不仅是两栖爬行动物的最爱，同时也是各类蜻蜓目昆虫（含通常所说的蜻蜓与豆娘两大类，本文先讲蜻蜓，下文再讲豆娘）所喜欢的。我在柴桥记录到了很多蜻蜓，而我最喜欢的一种，它有个很特别的名字，叫作"福临佩蜓"。这里，就以福临佩蜓为主，为大家介绍一下我在柴桥见到过的蜻蜓。

有种蜻蜓叫"福临"

前文《"追踪"大百合》，讲的是在柴桥山中拍摄荞麦叶大百合的故事。其实，在寻花过程中，我还有重要发现，那就是在短短的一段溪流中，我见到了两种以前从未拍到过的蜻蜓，其中一种还是我心心念念了很久的。

2024年7月中旬的一个清晨，我来到柴桥岭下村的后山，在溪畔换上雨靴，只带了一台装着广角镜头的相机，便进入溪流。由于溪畔都是茂密的森林，连条野径都没有，因此我只能直接溯溪而上。我的目的很明确，就是去看看荞麦叶大百合开了没有，因此没有携带沉重的长焦镜头。

由于有段时间不下雨了，这条小溪中的水很浅，只有若干小水潭里还积着数汪清水。进去没多久,我就看到,有只鲜绿色的蜻蜓在眼前的一个水潭上空飞行。当时,我虽然对它有种似曾相识的感觉,但可以肯定自己以前从未在野外见过。这是一种体形较大的蜻蜓,复眼为绿色;身上多绿斑,那种绿色接近苹果绿,在阴暗的森林中显得特别鲜艳。它的行为也与普通蜻蜓不同,并不随性乱飞,也不停歇在某处,而是始终在小水潭上空飞行,常在空中悬停,然后转一个急弯,飞到另外一个地方,然后又悬停一下……如此周而复始。这种独特的飞行方式,倒很像溪中游鱼:先往前快速游一段距离,然后在一个急停之后,又一甩尾巴,以一种飘逸的姿态游往远处。

正当我凝神观察它的时候,忽然,又一只我没见过的大型蜻蜓闯进了这段溪流。后者比前者大一号,身上的斑纹为鲜黄色,也十分显眼。它以直线飞行为主,大致在某段溪流的上下游来回巡飞,有时也会飞到前者"巡航"的水塘上空;不过,这两架微型"战机"各飞各的,并不冲突。

可惜啊可惜,我没有带长焦镜头,根本没法拍它们,只能在一旁看着

福临佩蜓

干着急。一周后，我和女儿以及画家徐洋，再来拍花，那天倒是特意带了长焦镜头，却没见到蜻蜓，十分遗憾。

7月底，不死心的我又到了岭下村，进入溪流时已是下午4点左右。这次终于天遂人愿，再次看到了那只美丽的绿蜻蜓。它还是跟上次那样，在水潭上空兜圈飞行。这条小溪处于大树遮蔽之下，且时间又已接近傍晚，林下光线之阴暗可想而知。好在我不仅有长焦镜头，还特意带了闪光灯。在高速闪光的加持下，我终于顺利抓拍到了它（主要是在悬停这一瞬间）。现场回看照片，发现它的腹部呈狭扁状，这特征也与很多常见蜻蜓不同。当时我就猜，它很可能是"福临佩蜓"。回家后一翻图鉴，果然没错！这蜻蜓的名字寓意可真吉祥。几年前，我的一个朋友在北仑九峰山拍到过这种蜻蜓，我见过照片，印象很深，怪不得前些天初见时觉得眼熟。福临佩蜓生活在山区林中小溪附近，喜欢在早上或傍晚巡飞，故平时难得一见。

蜻蜓中的灵巧"战机"

顺便说一下，7月中旬所见的那只大型蜻蜓，那天我也看到了。只是可惜，再次见到时，它翅膀平展，漂浮在水面上，已经寿终正寝了。我把它带回了家，和图鉴比对后，确认这是一只雄性的福建小叶春蜓。用尺子一量，发现其体长为8厘米，翅展宽度达10厘米。这是我第一次拍到这种蜻蜓，可惜是死亡个体。

在宁波，很少有蜻蜓比它更大——我所知道的只有一种，即巨圆臀大蜓，其体长可超过10厘米，翅展宽度可达13厘米左右。单就体长而言，巨圆臀大蜓在中国的蜻蜓中绝对是名列前茅的。有人说，巨圆臀大蜓是中国最大的蜻蜓。我查了一下手头的资料，发现可以与之争这个"中国之最"的，只有清六圆臀大蜓、金斑圆臀大蜓、蝴蝶裂唇蜓等寥寥数种。其

福建小叶春蜓（自然死亡个体）

巨圆臀大蜓（雌）在产卵

中，蝴蝶裂唇蜓的体长不及巨圆臀大蜓，但翅展宽度能超过后者。

　　而正是巨圆臀大蜓这个大家伙，迄今还让我"耿耿于怀"——因为，尽管我在柴桥河头村、岭下村以及瑞岩景区的山区溪流中多次见到它们，却始终抓拍不到飞行版。这种大蜓的雄虫常在某段溪流上空来回飞行，速度较快，未见悬停，故很难抓拍到。每次，我都是拿着相机，眼睁睁地看着一架威风八面的"战机"在我面前快速振翅掠过，眨眼便消失在了幽暗的森林深处。而我，只能一脸苦笑，望"蜓"兴叹。

　　后来，终于有了一次机会。那天，我跟阿则父子俩一起在山里行走。忽然，阿则爸爸说："啊，快看，怎么有这么大的蜻蜓？！"我扭头一看，果然，就在山脚渗流形成的水沟中，有只巨大无比的蜻蜓呈直立状，头上尾下，像打桩机一样有节奏地不断将尾部插入浅水中。原来，那是一只雌性的巨圆臀大蜓正在产卵。因为它看上去太大了，因此那场面简直可以用

"震撼"来形容。我们立即蹲下来拍摄,刚拍了两三张,它便警觉地飞走了。但不管怎么说,我好歹拍到这种蜻蜓的活体了——此前,我只在溪边捡到过一只死亡的雌性个体。

在九峰山的森林中,还能见到深山闽春蜓、台湾环尾春蜓等中大型蜻蜓。我对台湾环尾春蜓印象特别深。这是一种喜欢开阔溪流的蜻蜓,领地意识很强,其雄虫常在溪流上空来回巡飞,有时还会像直升机一样悬停在空中,一见到其他入侵的同类,就立即飞过去驱离。

关于蜻蜓的故事还有不少,这里就不多介绍了。最后,让我们来欣赏若干跟蜻蜓有关的诗句:

穿花蛱蝶深深见,点水蜻蜓款款飞。(唐·杜甫《曲江二首之二》)

泉眼无声惜细流,树阴照水爱晴柔。小荷才露尖尖角,早有蜻蜓立上头。(宋·杨万里《小池》)

深院无人锁曲池,莓苔绕岸雨生衣。绿萍合处蜻蜓立,红蓼开时蛱蝶飞。(宋·欧阳修《小池》)

看,这些诗句无一例外都提到了水。确实,以高超的飞行本领著称的蜻蜓,它们的一生都跟水有着密切的关系:其稚虫是水栖性昆虫,在水中觅食、长大,直到爬上岸羽化为成虫;而作为成虫的蜻蜓,也依旧在离水源不远的地方生活。可以说,各类蜻蜓的生存、繁衍离不开形态多样的良好水环境。保护好河流、湖泊、水塘、溪流等各种类型的湿地,就是保护好这些灵动的小小"飞行家"。这,无论对于野生动植物,还是对于人类,都是"有福来临"了。

台湾环尾春蜓

台湾环尾春蜓在溪流上空巡飞

棘螈和它的朋友们

认识多一点

为了让大家多认识一些柴桥境内的蜻蜓，下面再以图片的形式，介绍若干蜻蜓，除深山闽春蜓、竖眉赤蜻等少数种类外，它们大多分布于平原区域，如芦江畔的苇叶公园，以及穿过河头村、岭下村、洪岙村等村落的溪流（河流）等区域。

碧伟蜓（雄）

大团扇春蜓（雄）

鼎脉灰蜻（雌）

鼎脉灰蜻（雄）

红蜻（雌）

红蜻（雄）

黄翅蜻（雌）

黄翅蜻（雄）

黄蜻（雌）

黄蜻（雄）

蓝额疏脉蜻（雌）

蓝额疏脉蜻（雄）

联纹小叶春蜓（雄）

深山闽春蜓（雄）

棘蝽和它的朋友们

竖眉赤蜻（雄）

竖眉翅蜻（雌）

狭腹灰蜻

小团扇春蜓（雄）

晓褐蜻（雌）

晓褐蜻（雄）

玉带蜻（雌）

玉带蜻（雄）

豆娘的婚礼

讲完了"有福来临"的美丽蜻蜓之后,接着来讲豆娘的故事。蜻蜓也好,豆娘也好,都是属于蜻蜓目的昆虫。豆娘是一个俗称,正式的名字叫作"螅(cōng)"。我在柴桥境内见到过好多种豆娘,甚至还拍到了不少它们的"婚礼",因此也有不少有趣的故事可以讲。

水塘中的小小"婚礼"

跟蜻蜓一样,豆娘的一生也离不开水,在柴桥的河流、湖泊、溪流、荷塘等水域附近都可能找到它们。当然,不同种类的豆娘对生境的要求也不一样。像蓝纹尾螅、褐斑异痣螅、叶足扇螅之类的小型豆娘,在平原水流较缓的河流或静水塘中即可见到;而透顶单脉色螅、黄翅绿色螅、黄纹长腹扇螅、黄肩华综螅等豆娘,则必须在山区溪流旁才能找到。

苇叶公园的水域属于芦江的一部分,那里有一片美丽的荷塘,是柴桥街道夏季赏荷的好地方。从4月开始,我们就可以在那里发现褐斑异痣螅。这是一种非常细弱娇小的豆娘,体长只有2—3厘米,其雄虫胸部的背面为黑色,侧面黄绿色,腹部以黑色为主,腹部的第8、9节有蓝色斑;雌虫有多种色型。春末夏初,若仔细观察,则在荷叶上或植物茎上,不难看到褐斑异痣蟌低调而温馨的"婚礼"。那时，雌雄豆娘的身体为闭合的环状，看起来很像一枚"爱心"，十分浪漫。

那么，这枚"爱心"是怎么形成的呢？原来，蜻蜓、豆娘的交尾方式颇为特别：它们首先得雌雄连接，即雄虫用尾部的呈钳状的肛附器夹住雌虫的"后颈"位置；然后，雌虫把腹部向前弯曲，使腹端的生殖孔贴住雄虫的次生殖器上，进行受精。这个交尾过程，有时是在停歇状态下完成，有时则在飞行中即可完成。不同种类的蜻蜓（豆娘）的交尾时间相差很大。

褐斑异痣蟌交尾

褐斑异痣蟌交尾

在类似的环境中，还有不少蓝纹尾蟌，它们的大小与褐斑异痣蟌差不多。蓝纹尾蟌雄虫的体色以蓝色与黑色为主，而雌虫则为黄绿色并具有黑色条纹。我曾看到，几对蓝纹尾蟌在一块很小的水面上空飞行，寻找产卵的地方。

瑞岩景区外围的山脚，有好几个小水塘。这些水塘既是布氏泛树蛙、镇海林蛙等蛙类的固定繁殖场所，也是多种豆娘的产卵地。在这些水塘边，我拍到过叶足扇蟌、长尾黄蟌、多棘蟌、白狭扇蟌等多种豆娘。其中，

蓝纹尾蟌雌雄连接飞行，准备产卵

叶足扇蟌是一种非常有特色的小型豆娘，体长3厘米出头，其雄虫的中足与后足的胫节呈白色的叶片状（雌虫无此特征），很有辨识度。我曾见到多对叶足扇蟌，均雌雄连接，扎堆在一起产卵。那场景，倒像是在举行"集体婚礼"一般。

长尾黄蟌也是那几个水塘的常客。这种豆娘比前述几种要大不少，体长接近5厘米；其雄虫的腹部大部分为黄色，仅末端有黑斑。它们的繁殖期很长，从5月到8月，我都拍到了它们的产卵行为。有一次，为了取得一个较低的拍摄角度，我趴在水塘边的地上拍了半天，手臂被地上的小石子硌得疼。

叶足扇蟌雌雄连接产卵，现场像是"集体婚礼"

长尾黄蟌连接产卵

色蟌的产卵"保卫战"

豆娘里面有一个科,叫作色蟌科。这个科的多数种类具有艳丽的翅膀,身体在阳光下闪烁着绚丽的金属光泽,再加上体形修长、飞行姿态优美,因此很受昆虫爱好者的青睐。

在柴桥的山区溪流中,分布着多种色蟌,常见的有透顶单脉色蟌、黄翅绿色蟌、褐单脉色蟌等,它们都生活在山区溪流附近。多数豆娘的身体比较娇小,而色蟌算得上是豆娘中的大个子。比如说,在宁波也有分布的赤基色蟌是中国最大的豆娘,体长达75—85毫米。而透顶单脉色蟌作为本地最常见的色蟌,其体长为56—70毫米,稍短于赤基色蟌。

雄性透顶单脉色蟌的胸部和腹部以绿色为主,具有强烈的金属光泽;翅膀基部的区域为蓝色,其余部分主要为黑色,翅膀的顶端稍透明(所以名字中有"透顶"两字)。而其雌虫的胸部为古铜绿色,翅膀与腹部为褐色,翅端具有白色的伪翅痣。令人称奇的是,尽管雌虫的翅膀平时看起来为低调的深褐色,但在阳光下也会闪现美丽的金色光彩。

书上说,透顶单脉色蟌的飞行期(也就是成虫出现的时间)为5—11月。不过,在宁波本地,经过我多年的观察,在夏末秋初的时候才最容易见到它们,而且此时往往会看到它们成群出现。显然,8月中旬到9月,是透顶单脉色蟌的繁殖高峰期。

2024年8月中旬,在柴桥河头村后山的溪流中,我见到了20多只透顶单脉色蟌,其中雄虫的数量大于雌虫。它们聚集在一起,互相追逐,既有雄雌求偶,也有雄虫驱逐其他雄虫的现象。

透顶单脉色蟌雄虫的领地意识及"护卫产卵"的本能都很强。通常,一只雄虫会停歇在溪边的植物或溪中的石头上,当其他雄虫靠近其领地时,它会奋起驱赶入侵者。但侵入它的地盘的竞争者实在太多,因此常会

透顶单脉色蟌（雄性追逐）

透顶单脉色蟌（雌性产卵）

透顶单脉色蟌（护卫产卵）

出现三四只雄虫混战的情形。此时，是观察透顶单脉色蟌飞行姿态的最佳时候。有人说，透顶单脉色蟌"飞起来似蝴蝶，停下来像蜻蜓"，真的一点都没错。它们那宽大、靓丽的翅膀在阳光下不停扑闪，实在是美极了。

有一次，我注意到，一只雌性透顶单脉色蟌停在溪水表面的植物上，它将腹部探入水中，要将卵产在这株植物的水下的茎叶上。此时，有一只雄虫一直绕着它飞行，好像是一架不停盘旋的战斗机。我看了半天才明白，这还真是一架"保家护妻"的"战斗机"：因为，只要有其他雄虫飞近，这架蓝绿色的"战机"就立即凶狠地扑了过去，将对方赶得远远的，确保其配偶能顺利产卵。

那时，我就十分感慨：真的是万物有灵啊，哪怕在这小小的豆娘身上，也会有这么多有趣而动人的故事！

豆娘的故事还有很多

关于豆娘的故事，还有很多。

赤基色蟌是宁波山里最大最漂亮的豆娘，在北仑九峰山的大型溪流中也可见到。其雄虫的翅膀基部不透明，为迷人的宝石红，故名"赤基"；雌虫体色相对较暗淡，翅膀为淡褐色。不论雄虫雌虫，翅膀上都有狭长的深色翅痣。赤基色蟌喜欢在溪流附近飞行、捕食，在白天见到它们时，由于比较警觉，稍有动静就马上飞离，拍摄难度较大。

较之于前面提到的几种色蟌，黄翅绿色蟌要小多了，体长为4—5厘米。其雄虫的翅膀有两种色型，分别为"橙翅型"与"透翅型"，翅痣为红色；雌虫翅膀透明，稍稍带点琥珀色，翅痣为白色。黄翅绿色蟌的成虫只在春天出现，当夏天来临时就消失不见，转为卵与稚虫的形式在水下度过，然后在次年早春就羽化为成虫。早在3月份的时候，我在柴桥的云雾山森林游步道考察时，就在小溪旁见到了黄翅绿色蟌，其成虫出现时间比前两种色蟌都要早。

跟黄翅绿色蟌一样，黄肩华综蟌也是一种"飞行在春天里"的豆娘，其成虫在6月以后就难以见到了。2024年5月，在柴桥岭下村的后山的溪流中，我见到了一只体长跟透顶单脉色蟌差不多的大型豆娘，正是黄肩华综蟌的雄虫。这是我2024年唯一一次见到这种豆娘。

黄翅绿色蟌（雌）捕食飞虫

黄肩华综蟌（雄）捕食

黄肩华综蟌，雌雄交尾

那天，我拿着相机悄悄走近，没有惊动它，得以近距离观察这美丽的精灵。它的腹部背面的基调为蓝色，同时泛出绿色的金属光泽，每一节腹部侧面都有显著的黄色斑纹；胸部两侧也有黄色条纹。仿佛与之相呼应，它的翅膀也具有黄色的翅痣，翅痣的形状为椭圆形。

以前，我曾在其他地方见过黄肩华综蟌捕食昆虫的场景，印象十分深刻。当时，我看到，一只原本停歇着的黄肩华综蟌忽然飞了起来，转瞬又回到原处，嘴里似乎在咀嚼着什么。然后，费了半分多钟，才把小虫完全吃下。它那扑出去捕食飞虫的动作，跟鸟类中的鹟的行为特别相似。鹟在英语中叫作"flycatcher"，直译即"捕蝇鸟"的意思。这类鸟也善于从枝头突然飞出，捕食空中的昆虫，然后又马上回到原处。

认识多一点

如何区分蜻蜓与豆娘

蜻蜓目分为差翅亚目、束翅亚目（也叫均翅亚目）和间翅亚目3个亚目。其中，间翅亚目属于古老的孑遗物种，种类与数量都极少。

差翅亚目就是我们日常所称的蜻蜓，包括了蜻和蜓，外形一般比较大而粗壮，它们的前翅和后翅的形状与翅脉不同（故名"差翅"）；而束翅亚目就是俗称的豆娘，也就是螅，它们的前翅和后翅的形状与翅脉基本相同。与蜻蜓相比，多数豆娘的体形相对较小，显得纤细。

那么，具体该如何区分蜻蜓与豆娘呢？在野外观察时，我们可以从以下几方面来判断。首先，看眼睛，多数蜻蜓的复眼挨得很近（有些种类甚至紧贴在一起），而豆娘两眼间有明显的距离，形同哑铃。其次，看腹部，多数蜻蜓的腹部较为扁平，也较粗；而豆娘的腹部多呈纤细的圆棍状。再次，看翅膀的形状，通常情况下，蜻蜓的前后翅形状、大小不同，后翅比前翅更宽阔，而豆娘的前后翅形状、大小近似。最后，看停歇时的状态：多数蜻蜓在停栖时，会将翅膀平展在身体的两侧，而豆娘在停栖时，通常会将翅膀合起来直立于背上。

多数蜻蜓的一对复眼挨得很近（图为竖眉翅蜻）

豆娘的复眼彼此隔得较远，像一对哑铃（图为黄翅绿色螅）

春蜓科的蜻蜓的一对复眼相隔稍远，但依然明显比豆娘复眼的间距要近（图为台湾环尾春蜓）

不过，必须指出的是，以上列出的各种区别都不能一概而论，而只是个大致的参考。比如说，就复眼特征来说，各种春蜓的复眼相距也比较远；就腹部特点而言，腹部纤细的蜻蜓有不少，反之腹部粗壮的豆娘也是有的；至于停歇状态，一些大型豆娘，如赤基色蟌、黄肩华综蟌之类，它们有时仍会在停歇时将翅膀平展，如同蜻蜓一样。

顺便说一下，很多蜻蜓目昆虫的翅膀前缘的上方有一块不透明的角质加厚部分，叫作翅痣——它可以让蜻蜓在快速飞行时减少颤振，稳定翅膀。飞机机翼末端前缘有加厚区，就是仿照了蜻蜓翅痣的结构。

黄纹长腹扇螅(雌)

黄纹长腹扇螅(雄)

白狭扇螅(雄)

叶足扇螅(雄)

黄肩华综螅(雌)

黄肩华综螅(雄)

棘蟌和它的朋友们

赤基色蟌(雌)

赤基色蟌(雄)

透顶单脉色蟌(雌)

透顶单脉色蟌(雄)

黄翅绿色蟌(雌)

黄翅绿色蟌(雄,橙翅型)

黄翅绿色蟌(雄,透翅型)

多棘蟌(雄)

瑞岩的缤纷野果

你若问我：瑞岩景区什么时候最美？

那么，毫无疑问，在我看来，瑞岩的秋天是最美的。尤其是在深秋的时候，品类繁多的草木变得色彩斑斓，犹如大自然这个天才画家一不小心打翻了调色盘，山中层林尽染，实在是美极了。

草木的绚烂秋色，不仅来自于叶子，也来自于各种野果。前几年，我曾专门花大量时间拍摄宁波的野果，为此探访了很多地方。我发现，瑞岩景区的野果种类之丰富，绝对是名列前茅的。

藤上的靓丽野果

瑞岩景区大门前的公路旁，有好几株高大的枫香树。这些枫香的树干上，被一种藤本植物所紧紧缠绕。枫香是落叶树，而那种藤本植物乃是常绿的，故到了秋冬时节，有时会给人"这里的枫香怎么会依然绿叶满枝"的错觉。仔细看，会发现绿叶丛中还有点点红果，煞是好看。

这种常绿藤本，就是扶芳藤，属于卫矛科卫矛属。它们常缠绕或攀缘于树干、岩石上，夏末开花，小花绿白色，盛开时极为繁密。深秋果熟，果实绽裂后，露出颗颗鲜艳的种子。因此，上文说"点点红果"其实是不准

扶芳藤

确的，因为红色的不是果，而是被红色假种皮所包裹的种子。所谓假种皮，是指某些种子表面所覆盖的一层特殊结构，多为肉质，以色彩鲜艳者居多，能吸引动物取食。据说，扶芳藤可作药用，在古代常用于治疗痛经、月经不调等，故名扶芳藤。

在瑞岩景区内，还有一类果实特征与扶芳藤一样的落叶藤本，那就是南蛇藤。这里说的南蛇藤，是指卫矛科南蛇藤属的植物，具体有多种，多为落叶藤本。南蛇藤的成熟果实以亮黄色为主，外壳在深秋时开裂，露出包在种子外面的鲜红的假种皮，宛如一颗颗美丽的红宝石，十分醒目。有网友说，南蛇藤喜欢以周边植物或岩石为攀缘对象，"远望形似一条蟒蛇在林间、岩石上爬行，蜿蜒曲折，野趣横生"。

在景区大门前的香樟等大树上，还有一种有名的藤本植物，那就是中华常春藤，为五加科常春藤属的常绿木质藤本。不过，与前两种藤不一样的是，中华常春藤的花期在秋季，而果期是在春季。4月中旬，中华常春藤的果实成熟了，已由绿色变为橙色，累累悬挂于枝头。

上述3种藤本，均适合用作垂直绿化植物；而在瑞岩景区，一切都是自然天成的。

扶芳藤

南蛇藤

中华常春藤

特色野果：草珊瑚与山姜

我注意到，有两种野果，在瑞岩景区一带数量特别多，形成了在宁波别的地方很少见的优势群落，它们就是草珊瑚与山姜。特别是前者，近20年来我一直在野外进行自然探索，很少见到草珊瑚，而在瑞岩景区，这种颇有名气的药用植物却相当常见。

草珊瑚是金粟兰科草珊瑚属的常绿半灌木，高1米左右，单叶对生，叶缘呈明显的锯齿状。其花期在初夏，花序为穗状，但由于其白色的花朵过于微小，因此不为人注意。要到深秋，草珊瑚的果实熟了，好多鲜红的球形小果簇生于枝顶，此时就变得特别显眼了，在绿叶的衬托下非常好看。草珊瑚的挂果期很长，经冬不凋，要到次年早春才会逐渐掉落。

山姜是姜科山姜属多年生草本植物，颇高大。山姜在瑞岩景区内外的路边比比皆是，多为丛生。其叶子宽而长，有点像棕叶。春末夏初开花，花冠红白相间，十分醒目。秋天果熟，果实呈球形或椭圆球形，鲜红色，先端留有一个枯黄的"小辫子"——那是宿存的萼筒。诚如书上所言，山姜是花果叶俱美的优良地被观赏植物。

另外，还有一种藤本植物，在瑞岩景区一带数量极多，无论在景区内外的大树上，还是在瑞岩寺的围墙上，都可以看到。它就是山蒟(jǔ)，别名海风藤，为胡椒科胡椒属植物，非常善于攀缘。其果期为10月至次年4月，只不过黄色(或橙色)的果实极为细小，故并不引人注目。不过，我发现，山蒟还是作为具有较好观赏价值的植物，入选了《浙江野果200种精选图谱》一书。

草珊瑚

山姜

山蒟

难辨"五味"的南五味子

在瑞岩景区，还有一种较常见的植物，其花朵与果实均很有特色，值得单独说一说。它就是南五味子，是木兰科南五味子属的常绿木质藤本，喜缠绕在其他树木上。

2024年7月初，我在夜探瑞岩景区时，偶然见到几朵挂在头顶的鹅黄小花，它们的花被片厚厚的，中央的花蕊部分像是一个个或绿或红的小球。这便是南五味子的花。

南五味子的花期在盛夏时节，通常在夜间开花，花朵具有芳香，可以吸引特定的昆虫来帮助授粉。8月下旬，我再去那里，发现原先的花朵已经被一个个球形果所取代。这些尚未成熟的绿色果实悬挂在绿叶丛中，不注意的话还真难发现呢。

深秋，南五味子的果实成熟了。此时的果很好认，其果梗比较长，从稍远的地方看过去，就像是一个红色的小圆球挂在藤上；近处观察，方知这个深红中带暗紫的圆球是由好多弹珠一样的浆果聚合而成的。因此，在野果的分类上，它属于"聚合果"。

既然名为"五味子"，那么顾名思义，果实品尝起来应该有5种味道——据说，古代的医书上称这"五味"分别是甘、酸、辛、苦、咸。10月下旬，我也曾采来吃过南五味子的红色果实，发觉滋味实在不咋地，只有一点点甜，也没有酸，当然更品不出"五味"来。对此，也有人调侃说，这"五味子"，还不如叫"无味子"算了！

11月底，在瑞岩景区，我见到的果实已是紫黑色的圆球，其色彩、外形均没有红果好看。抱着试试看的心态，我也采了一个来吃，这回倒是有点吃惊了，没想到这果实虽说不中看，味道却还不错，其汁水充足，甜度也明显增加了。书上还说，南五味子的果实具有滋补强身、镇咳等功效。

南五味子通常在夜间开花

南五味子的未熟果

南五味子的果实为红色的时候，口感还不大好

南五味子的果实变成紫黑色了，才会比较好吃

　　其实，抛开口感、药用功效等方面不谈，像南五味子这样的花朵独特、果形美丽的藤本植物，本身就有很好的观赏价值呢。若经人工培育后，将它们栽种在林间绿地里，倒是挺不错的。

其他常见观赏野果

除了上述重点介绍的以外,在瑞岩景区一带,还有很多具有较高观赏价值的野果,如紫金牛、朱砂根、红凉伞、紫珠、野鸦椿、海州常山、王瓜等;另外也有不少可食野果,如杜茎山、盐麸木、紫麻、胡颓子、金樱子、蓬蘽(lěi)、空心泡、山莓、高粱泡、寒莓等。

其中,紫金牛、朱砂根与红凉伞,都是属于紫金牛科的植物。它们的挂果期都长达数月,从深秋一直持续到次年春天。其中,大家最熟悉的,估计要算朱砂根。因为,这是一种著名的观果植物,株形优美,红果繁多而且鲜艳。如今,不少单位常使用盆栽的挂满红果的朱砂根作为观赏植物。

红凉伞与朱砂根长得几乎一样,两者的差别,主要在于前者的叶子反面是紫红色的,像一把撑开的红伞,而后者的叶子正反面都是绿色的。

紫金牛是这个科的"科长",但个子反而是最小的,因此有个俗名叫"老勿大"。其植株高度通常只有10—30厘米,几乎是贴地而生,所挂的红果也明显要少。

紫珠也很常见。这里说的紫珠,指的是马鞭草科紫珠属的植物,具体有好几种。通常,紫珠的枝条都很细长,很多细小的果子聚生在叶腋附近。秋天,那些晶莹的紫红色果子看上去就像珠宝一样绕在枝条上,很有特色。

野鸦椿,为省沽油科野鸦椿属的落叶小乔木或灌木。其果子在夏秋时节成熟,那时软革质的红色果皮会开裂,露出里面的黑色种子。有人形象地说,野鸦椿乌黑的种子配上鲜红的果皮,"犹如满树红花上点缀着颗颗黑珍珠"。

海州常山是唇形科(早先被划入马鞭草科)大青属的落叶灌木或小乔木。秋天果熟,一颗颗蓝黑色的果实,在鲜红的状如五角星的花萼的衬托

紫金牛

朱砂根

红凉伞

紫珠属的野果

野鸦椿

海州常山

紫珠属的野果

下，特别醒目。

王瓜，是葫芦科栝楼属的多年生草质藤本植物，果期为8—11月。果未熟时绿色，到深秋变熟，则为橙红色，如小灯笼挂在攀缘的茎上，观赏效果不错。

其他常见可食野果

杜茎山，早先也被归为紫金牛科，但最新的分类已将其划入报春花科。这种灌木在瑞岩景区非常多，早春开花，白色小花如一个个小铃铛。其果期很长，从深秋延伸到次年春天。果实奶白色，如黄豆般大，可食，口感微甜，还有一种很淡的奶香味。

盐麸木是一种很常见的树，属于漆树科。它的果实是蓬松的一大把，单独的一颗果很小，呈扁球形。成熟的时候，果子表面裹了一层晶莹洁白的像糖霜一样的东西。摘几颗放嘴里一舔（不要嚼不要吞，抿一下即可），又咸又酸，还有一种说不出的鲜！

棘螈和它的朋友们

紫麻，为荨麻科紫麻属植物。它的果实，论长相，绝对算得上是一种奇葩野果。有人开玩笑说：这不是粘在树枝上的饭粒吗？而且，里面还嵌了颗芝麻！是的，这真是野果，而且还是可以吃的野果！紫麻的可食部分实际上是其白色的肉质花托，被包围的黑色部分才是真正的果，书上说这肉质花托"可生食，微甜带酸"。我亲口尝过，觉得水分还是比较足的，但并不好吃。

紫麻

胡颓子，是胡颓子科胡颓子属的植物，秋冬开花，果期在春季。果实熟时为红色，非常美味，除了鲜食，也可以拿来制果酱、酿酒，还可以入药，具有消食止痢之功效。

胡颓子

金樱子、蓬蘽、空心泡、山莓、高粱泡与寒莓，均为蔷薇科植物，除金樱子为蔷薇属外，其余几种均为悬钩子属。它们都是可食的美味野果，其中空心泡在瑞岩一带特别多。

深秋，金樱子果子熟了，大小如枣，为橙红色。但是，这果子外面密密麻麻全是刺，令人望而生畏。想要吃它，必须先弄掉外表的刺，再去掉里面的种子，然后单吃那层"果皮"。味道真的很好，有很浓郁的甜味，真不负"糖罐子"之美称。

金樱子

蓬蘽与空心泡长得很像，果期均是在春末，很多人称之为野草莓，方言通常叫它们为葛公。山莓的果期也是在春末，果实悬挂在多刺的枝条之下。

高粱泡是山里常见藤本植物，盛果期在10月下旬至12月。深秋与初冬时节，九峰山的山路边，很容易看到高粱泡那一串串的红果，就像是葡萄一般。

棘螈和它的朋友们

寒莓

　　而寒莓的果期比高粱泡还要略晚一些,主要在11月至次年1月。寒莓属于常绿藤本,但不往树上攀缘,而是贴地而生,大片大片地生长在灌木丛中、竹林下。寒莓的叶子很独特,接近圆形,像缩小了的莲叶。就口感而言,我感觉寒莓比高粱泡要好吃,它更甜,汁水也更多。

　　写到这里,这本小书也要结束了。
　　深秋时节野果熟了,缤纷可爱;而跟植物的花开果熟一样,镇海棘螈也已完成了一年的繁殖、成长过程,准备进入冬眠,要到明年早春再出蛰。祝愿这种古老而稀有的小动物,作为"宁波的大熊猫",在宁波生活得更好!